突水预测预报决策支持系统关键技术研究

Research on the Key Technologies of Forecasting Decision Support System of Mine Water Inrush

孙晋非　著

U0337853

中国矿业大学出版社

图书在版编目(CIP)数据

突水预测预报决策支持系统关键技术研究 / 孙晋非
著. —徐州:中国矿业大学出版社,2019.5

ISBN 978 - 7 - 5646 - 4383 - 6

Ⅰ.①突… Ⅱ.①孙… Ⅲ.①人工智能—应用—突水
—处理 Ⅳ.①P642.2

中国版本图书馆 CIP 数据核字(2019)第 055699 号

书　　名	突水预测预报决策支持系统关键技术研究
著　　者	孙晋非
责任编辑	姜　华
出版发行	中国矿业大学出版社有限责任公司
	(江苏省徐州市解放南路　邮编 221008)
营销热线	(0516)83884103　83885105
出版服务	(0516)83995789　83884920
网　　址	http://www.cumtp.com　E-mail:cumtpvip@cumtp.com
印　　刷	江苏凤凰数码印务有限公司
开　　本	787×1092　1/16　**印张** 6.75　**字数** 120 千字
版次印次	2019 年 5 月第 1 版　2019 年 5 月第 1 次印刷
定　　价	30.00 元

(图书出现印装质量问题,本社负责调换)

前　言

煤矿突水事故严重威胁着矿工人身安全,并给国家造成重大的经济损失。目前突水预测预报的决策多依据决策者对于问题的主观分析,这种决策方式有一定的局限性,一方面决策者对于现实情况的认识未必清楚,对于知识的掌握未必全面;另一方面采场突水是一个具有不确定性的、非线性的复杂概率事件。本书主要研究在计算机的支持下如何对于突水预测预报作出决策,考虑到与已经发生突水事故地点条件相近的地方突水的概率最大,研究将已经发生突水事故的典型案例数据作为出发点,从已知到未知,利用过去的案例或经验进行推理来求解新问题。

本书主要研究成果如下:(1) 分析了煤矿突水典型案例数据库设计的必要性,设计了案例数据库的概念结构、逻辑结构,使用 Microsoft SQL Server 关系数据库管理系统,将搜集整理的案例入库,实现煤矿历史突水资料数字化;(2) 研究了三维空间数据模型,提出适用于煤矿水文地质体的基于混合结构的三维数据模型,并设计了三棱柱、TEN 等数据模型的数据结构;(3) 使用平行坐标方法可视化突水数据,在标准化、变换、平移数据的基础上,绘制了平行坐标图,发现灵敏属性的存在;(4) 在研究模糊自适应神经网络的结构和学习算法的基础上,对于标准化方法的选用、隶属函数的选择进行比较分析,设计用于突水量预测的 ANFIS 模型;(5) 研究了支持向量机模型的数学推理过程,设计用于底板突水量预测的 SVM 模型,提出参数 C 和 γ 的优化选择算法和交叉验证算法;(6) 设计了基于本体的突水预测预报知识库,包括突水本体库和突水规则库,并提出了模糊规则的形式化定义。

感谢我的导师岳建华教授,老师为人严谨,对于做研究一丝不苟、思维活跃,在老师的指导下学习,我收获很多,也感到很荣幸。感谢孟凡荣教授、杨永国教授的指导,感谢刘志新博士、姜志海博士、聂茹博士、王虎博士、邓帅奇博士、孙锦程博士的无私帮助。

突水预测预报决策支持系统关键技术研究

感谢我的父母给我的无私关爱,感谢我的公婆对我的理解和支持,感谢我的先生管红杰一如既往的支持和关心,感谢我的女儿管浩淼带给我的欢乐。

在研究过程中,我学习了大量的文献资料,在此向文献著者表示由衷的感谢。

限于水平,书中难免存在不足之处,敬请读者和同行批评指正。著者的电子邮箱是 sjfei@cumt.edu.cn。

孙晋非

2019 年 2 月

目　录

1 绪　　论

1.1 研究背景与意义

我国有丰富的煤炭蕴藏,占世界煤炭总资源量的 13%,居世界前列。煤矿生产,以安全为本,我国煤炭行业经过不懈努力,其安全状况有了实质性的改善,但相对于整个社会的发展要求而言,仍有较大的差距。在我国煤矿重特大事故中,矿井突水事故在死亡人数上和发生次数上,仅次于煤矿瓦斯事故,但造成的经济损失一直居各类煤矿灾害之首。随着矿井开采深度的增加,矿井突水事故居高不下,仅 2000~2009 年就发生重特大矿井突水事故 535 起,死亡 3 169 人。在过去的 20 年内,有 250 多对矿井被水淹没,经济损失高达 350 多亿元,同时,对矿区水资源与环境也造成巨大的破坏。

任何灾害的预防都应建立在预警基础之上,只有弄清楚突水机制,对含水层水体变化过程进行准确的监测、预测,及时、准确地向决策者提供突水预测的决策支持,制定科学、有效的预警和防范措施,方能避免灾害的发生,或者最低限度地降低灾害损失,这对于防灾减灾具有重要意义,而且可产生巨大的社会效益和经济效益。

目前突水预测预报的决策多依据决策者对于问题的主观分析,这种决策方式有一定的局限性。一方面决策者对于现实情况的认识未必清楚,对于知识的掌握未必全面;另一方面采场突水是具有不确定性的、非线性的复杂概率事件,这种不确定性体现在两个方面:一是地下水赋存情况的未知性,二是突水与地质变量关系的不确定性。基于以上分析可知,突水预测预报仅靠决策者的主观判断很难有好的预测效果,为此,本书将研究在计算机的支持下如何对突水预测预报作出决策。考虑到与已经发生突水事故地点条件相近的地方突水的概率最大,本书将已经发生突水事故的典型案例数据作为研究出发点,从已知到未知,利用过去的案例或经验进行推理来求解新问题。

1.2　国内外研究动态

1.2.1　底板突水决策技术研究现状

煤矿突水预测涉及水文地质、工程地质、开采条件、岩石力学等诸多因素,这些因素引发事故发生的规律是离散和非线性的。对于突水发生的预报一直是煤矿生产中亟待解决的重大课题,这个课题不仅集结了采矿安全方面的专家,也吸引了不同学科的很多学者进行研究。关于煤矿突水预报的研究可以分为三部分,即突水地质基础研究、突水理论基础研究和突水预测预报方法研究。本书研究的对象是在计算机支持下的突水预测预报方法。

（1）国外研究现状

匈牙利、意大利、南斯拉夫、苏联等国家的煤矿经常受到煤矿突水问题的威胁,底板相对隔水层的概念、相对系数的概念的提出,对于突水预测预报有重大意义。苏联学者 B. 斯列萨列夫提出固定梁的概念,对于我国突水预测工作有很大的帮助作用。

欧美各国技术经济条件比较好,考虑到安全性的问题,很少开采复杂地质条件下的煤层,所以对底板突水问题的研究较少。关于煤矿开采底板变形与破坏,M. 鲍莱茨基、A. 多尔恰尼诺夫对于岩层破坏机理做了深入的研究。应用岩体水力学的方法解决煤层底板突水问题开始于 20 世纪 60 年代末,D. T. Show、Louis、Erichson、Oda、Derek Elsworth 都在岩体水力学方面作出了自己的贡献。

（2）国内研究现状

与国外研究情况相比,国内对于突水预测预报的研究可以说是热火朝天。究其原因,首先我国煤矿多属于华北型煤田,深受奥陶系灰岩强含水层的威胁;加之随着我国经济的发展,对于煤炭的需求量大幅增加,煤炭产业迅速发展,很多煤矿没有做好地质勘探工作,以致突水事故频发,这也促使突水预测预报工作成为迫切需要解决的问题。

对于突水预测预报的研究在我国开始于 20 世纪 50 年代。早期一直借用苏联学者 B. 斯列萨列夫的"安全水头"概念和预测突水的简支梁理论公式。在 1964 年于焦作矿区召开的水文地质大会上，借鉴匈牙利韦格弗伦斯的相对系数概念提出突水系数评价法，即应用公式(1-1)计算突水系数[1]。

$$T = \frac{P}{M} \tag{1-1}$$

其中，T 为突水系数，P 为含水层水压，M 为隔水层厚度。根据峰峰、焦作、淄博、井隆等四矿突水系数的统计成果确定临界突水系数为 0.06 MPa/m。该方法物理概念简单，计算方便，现场易于操作，应用广泛，一直是煤矿区解决高承压水上带压采煤安全性评价的主要方法。

20 世纪 90 年代以后，计算机在煤矿底板突水预测中的应用研究广泛开展，新方法、新理论、新技术被用来研究煤层底板突水的预测预报，如模糊逻辑、人工神经网络、遗传算法、支持向量机、地理信息系统和多源信息复合处理法等。目前，突水预测预报的技术大致可以分为：工程地质力学类、数值模拟类、非线性科学理论类、地理信息系统（GIS）类、物探技术应用类以及概率指数类。这些技术有的使用的是纯粹计算机的方法，有的是在计算机辅助下完成的。

① 工程地质力学类

工程地质力学理论方法是从煤层底板动力学平衡的角度研究和处理问题的。在煤层开采之前，围岩维持自身的应力平衡，采掘之后，原有的平衡被打破，应力将重新调整和分布，如果这种分布破坏了煤层底板的稳定，底板就有可能发生突水。

20 世纪七八十年代末期，C. F. Santos 和 Z. T. Bieniawski 等学者在研究矿柱的稳定性时，研究了底板的突水机理，并引入临界能量释放的概念分析了底板的承载能力[2]。20 世纪 90 年代以来，我国多位学者采用各种力学模型来分析底板突水的力学机制[3-8]。2007 年缪协兴等学者建立了能够描述采动岩体渗流非线性和随机性特征的渗流理论，在复合隔水关键层的基本力学模型的基础上，建立了以采动岩体渗流失稳为突水判据的预测预报体系[9]。

② 数值模拟类

借助于各种计算机数值模拟软件，模拟现场煤层开采的过程，预测底板突水可能发生的位置。冯启言等学者模拟了采动条件下底板的破断失稳、裂隙扩展和突水过程[10]。高航等学者采用有限元模拟的方法对受煤层底板承压水威胁煤层的情况进行研究,分析了矿压、水压对底板影响的规律[11]。武强等学者在开滦赵各庄矿断裂滞后突水数值仿真模拟研究中,提出了煤层底板断裂构造突水时间弱化效应的新概念[12]。

③ 非线性科学理论类

非线性造成了现实世界的无限多样性、曲折性、突变性和演化性。探讨复杂性现象的非线性科学中,比较有代表性的有神经网络、支持向量机、模糊集、粗糙集等理论模型。王连国等学者利用人工神经网络预测煤层底板突水[13]。冯利军在可变精度的粗糙集模型中提取了若干突水规则[14]。闫志刚研究了支持向量机在矿井突水水源分析、矿井突水预测中的应用[15]。姜谙男等学者研究了基于最小二乘支持向量机的煤层底板突水量预测[16]。张文泉研究了矿井(底板)突水灾害的动态机理及综合判测,并且使用模糊神经网络对于底板突水进行了预测,开发了相应的专家系统[17]。

④ 地理信息系统(GIS)类

张大顺等学者以 ARC/INFO 为平台,利用地学多源信息复合方法对焦作整个东部矿区底板突水问题进行了首次预测预报,取得了很好的效果[18]。武强等学者应用 GIS 与非线性的人工神经网络耦合技术,经过模型识别,建立了煤层底板突水脆弱性分区评价模型[19],他的科研团队以 GIS 为基础,结合其他配套软件,开发了一套主要针对矿井水文地质工作的系统软件——矿井水文地质信息系统(MHIS)。

⑤ 物探技术应用类

借助电法、地震物探勘探手段预测底板突水。山东科技大学,中国矿业大学,煤科总院北京开采研究所、西安分院、唐山分院、重庆分院等在物探技术研究方面做了大量的研发工作。刘志新等学者应用矿井直流电法、矿井瞬变电磁法及无线电磁波透视法等勘探技术进行突水预测[20]。于景邨等学者研究了深部采场突水构造矿井瞬变电磁法探查理论及应用[21]。崔三元等学者基于 GIS 的二次开发,对地震、电法等物探数据进行处理后,生成专题图,经配准、空间定量分析,最后建立煤矿水害预测模型[22]。

⑥ 概率指数类

施龙青等学者提出用突水概率指数法预测采场底板突水,并使用公式(1-2)计算突水概率指数[23]。

$$E = P_W W + P_S S + P_R R + P_P P + P_G G \qquad (1\text{-}2)$$

专家按照影响肥城煤田底板突水的主要因素在底板突水中所起作用的大小,给出富水指数权重 $P_W = 0.5$,构造指数权重 $P_S = 0.3$,隔水层指数权重 $P_R = 0.1$,水压指数权重 $P_P = 0.05$,矿压指数权重 $P_G = 0.05$。

对于上述六类突水预测预报技术进行优势对比分析,如表 1-1 所示。

表 1-1　　　　　　　　　突水决策技术优势对比表

Table 1-1　　　Superiority of the water inrush decision technologies

技术	优势
工程地质力学类	从根本上解释了矿井突水的原因,即应力失衡
数值模拟类	充分利用计算机对突水过程进行仿真
非线性科学理论类	体现突水的不确定性和随机性
地理信息系统类	可以进行定性、定量、定位分析
物探技术应用类	通过分析勘探数据,发现引发突水的危险因素
概率指数类	综合考虑各种因素,尊重专家的启发式思维

综上所述,多种学科在煤矿突水预测问题中各有优势,可以说是"八仙过海,各显其能"。

1.2.2　决策支持系统研究现状

（1）DSS 的基本概念

决策支持系统(Decision Support Systems,DSS)[24-33]概念始于 20 世纪 70 年代,1971 年美国 M. S. Scott Morton 教授首先提出 DSS 这一术语[34],1987 年 P. G. W. Keen 首次系统给出 DSS 的定义[35]。

DSS 是在管理信息系统(Management Information Systems,MIS)的基础上发展起来的,可以说是 MIS 的升级版。传统 MIS 只有管理数据的功能,而 DSS 更多地强调计算机支持下的预测分析,以使决策者得到更多的有价值的资料,而不是单纯的数据。

（2）DSS 的分类

DSS 按照内在的驱动方式一般可以分为数据驱动、模型驱动、知识驱动、文本驱动和通信驱动五种基本类型[36]。见表 1-2。

表 1-2　　　　　　　　　五种 DSS 的特点、功能对比表

Table 1-2　Characteristic and function of the five decision support systems

类别	特点	功能
数据驱动的 DSS	以数据库为主要部件	通过对海量数据库进行访问、操纵和分析,来获取决策支持
模型驱动的 DSS	以模型库及其管理系统为主要功能部件	强调对大量的模型进行访问和操纵,运用各种数学决策模型来帮助决策制定
知识驱动的 DSS	知识的表示方式是核心问题,如规则等	基于知识库中所存储的知识,运用人工智能或其他统计分析工具向决策者提出行动建议
文本驱动的 DSS	电子记录文本描述有关决策的信息	允许文件能够被电子化地创建、修改以及在需要时查看,以此提供决策支持
通信驱动的 DSS	支撑和扩大群体的行为,从而有效支持群决策	强调以通信、协作的方式共享决策支持

（3）DSS 的发展趋势

目前,计算机性能的提高以及计算机网络的成熟,使得基于 Web 的 DSS、分布式的 DSS 以及基于 GIS 的 DSS 成为决策支持系统研究的热点[35-47],很多学科领域都在发展本学科的决策支持系统研究。决策支持系统的发展趋势可归纳为以下几个方向:

智能决策支持系统(Intelligent Decision Support System,IDSS),是决策支持系统研究新的方向之一[48-54],主要是结合了计算机的人工智能研究成果。人工智能中有一个重要的方向就是机器学习,IDSS 就是要使决策支持系统拥有知识学习的能力,通过数据库、知识库的更新,IDSS 主动学习,随着决策支持系统使用时间的增长,IDSS 变得越来越智能,这种在线更新的功能是将来发展的一个重要方向。

不确定性决策支持系统,不确定性存在客观性、普遍性和积极意义,不确定性推理方法[55]主要包括云理论、模糊逻辑、神经计算、概率推理、证据理论、遗传算法、混沌与分形、信任网络及其他学习理论[56-58]。

分布式决策支持系统也是现在一个重要研究热点,主要是考虑群体共同决策的问题,以群体决策代替个体决策,这有助于更好地解决个体主观性决

策带来的不客观、不全面的问题。

1.2.3 目前存在的问题

（1）煤矿突水事故的发生是多种因素综合作用的结果，这些因素引发事故的规律是离散和非线性的，多数模型在建立过程中对客观现象做了许多与实际不相符合的简化，也就是把复杂的突水问题简单化了，把非线性的问题线性化了，使得评价结果不具有权威性。

（2）目前我国的突水预测预报的决策问题基本上由煤矿决策者在分析地质资料的基础上进行主观判断，客观性和全面性很难保证。

（3）我国煤矿安全评价的主要形式是纸质的文稿，过于理论化，对于煤矿决策者作出正确决策帮助有限。

（4）现有的突水决策技术虽然各有优势，但是没有把这些技术全部或者部分整合在一起的系统，煤矿决策者缺乏有价值的决策支持系统。

上述问题严重阻碍突水预测预报工作的开展，是长期困扰煤矿生产安全的难题，也是本书致力研究的课题。

1.3 主要研究内容

本书的研究思路是在课题组已有的研究基础上，构建煤矿突水决策支持系统。决策支持系统是个庞大的工程，其关键技术包括：① 突水危险源、隔水通道探测；② 突水量预测；③ 地质体三维可视化；④ 突水事故案例库设计与建立；⑤ 突水知识库设计与建立。

本书没有完成所有关键技术的研究和实现，已完成的有：突水事故案例库设计与建立，地质体三维可视化模型研究，基于 ANFIS 模型和 SVM 模型的突水量预测，以及突水知识库设计与建立。

全书共分为七章，每章的主要研究内容如下：

第 1 章为绪论部分，介绍本书的研究背景及研究意义，总结了计算机支持下的突水预测预报技术和决策支持系统的研究现状，以及本书的组织结构、技术思路和主要创新点。

第 2 章为本书主体的第一部分，分析了煤矿突水典型案例数据库设计的必要性，设计了案例数据库的概念结构、逻辑结构，使用 Microsoft SQL Server 关系数据库管理系统，将搜集整理的案例入库，实现煤矿历史水害资料数字化。

第 3 章为本书主体的第二部分,在对三维空间数据模型研究的基础上,提出适用于煤矿水文地质体的、基于混合结构的三维数据模型,并且设计了三棱柱和 TEN 等数据模型的数据结构。

第 4 章为本书主体的第三部分,主要研究了 3 种突水预测预报方法。第一种是平行坐标方法,绘制了突水数据的平行坐标图,并对灵敏属性做了分析;第二种是模糊自适应神经网络方法,在对模糊自适应神经网络的结构和学习算法研究的基础上,对于输入属性的选择、隶属函数的选择进行比较分析,设计用于突水量预测的 ANFIS 模型;第三种是支持向量机方法,研究了支持向量机模型的数学推理过程,设计用于突水量预测的 SVM 模型,提出参数 C 和 γ 的优化选择算法和交叉验证算法。

第 5 章为本书主体的第四部分,设计了基于本体的突水知识库,包括突水本体库和突水规则库,并提出了模糊规则的形式化定义。

第 6 章为本书主体的第五部分,是煤矿突水决策支持系统的设计与实现过程。按照软件工程的思想,分为需求分析、概要设计、详细设计和系统实现部分。

第 7 章为结论和展望部分。

1.4 研究技术路线

本书的基本研究思路是在充分做好煤矿水害数据整理、建立数据库的基础上,分别对三维空间数据模型、突水预测技术以及突水预测知识表示进行研究。研究技术路线图如图 1-1 所示。

本书将在煤矿突水典型案例数据、地质水文数据、地质采矿技术条件等数据的基础上,使用 BP 神经网络学习算法、参数选择算法、交叉验证算法、TIN 剖分三角网 Delaunay 算法,建立关系数据库模型、三维数据模型、自适应模糊神经网络模型、支持向量机模型以及本体模型,设计开发煤矿突水典型案例管理子系统、煤矿突水知识库管理子系统、煤矿地质体三维可视化子系统、煤矿突水量预测子系统。

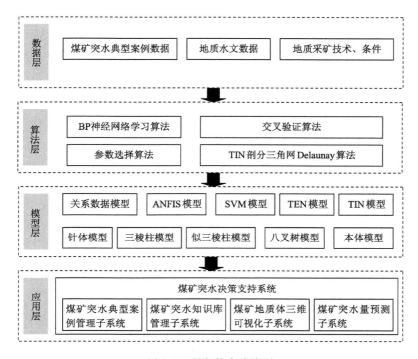

图 1-1 研究技术路线图

Figure 1-1 Flow chart of research technique

1.5 主要创新点

作者在研究过程中取得了一些具有创新意义的研究成果,概括如下:

(1) 设计了突水案例数据库的概念结构、逻辑结构,实现了煤矿突水事故案例资料数字化。

(2) 提出适用于煤矿水文地质体的、基于混合结构的三维数据模型,并且设计了三棱柱和 TEN 等模型的数据结构。

(3) 绘制了突水事故案例数据的平行坐标图,并对灵敏属性进行了分析。

(4) 设计了用于突水量预测的自适应模糊神经网络模型,并对标准化方法、隶属函数的选择进行了比较分析。

(5) 设计了用于突水量预测的支持向量机模型,提出参数 C 和 γ 的优化选择算法和交叉验证算法。

（6）设计了基于本体的突水知识库,包括突水本体库和突水规则库,并提出了模糊规则的形式化定义。

2 煤矿突水案例数据库设计

2.1 煤矿突水案例数据库设计的必要性

煤矿发生突水事故有偶然性也有其必然性,突水事故是一个具有不确定性的概率事件,这种不确定性体现在两个方面:一是地下水赋存情况的未知性,二是突水与地质变量关系的不确定性。考虑到与已经发生突水事故地点条件相近的地方突水的概率最大,建立突水案例数据库,作为突水影响因素、突水机理的研究基础是必要的。

现在,很多工业发达国家都建立了事故数据库,而且若干国家如北美和西欧的某些国家已联合建立数据库,用计算机存储和检索,为系统安全和可靠性分析提供了良好的条件。从我国开展煤矿安全生产的发展趋势看,也应该建立事故数据库,储存事故资料。

2.2 数据搜集

矿区内大气降水、地表水、地下水通过各种通道涌入井下,成为矿井涌水。当矿井涌水量超过矿井正常排水能力时就会发生水患,称为矿井水灾。矿井突水的发生有两个基本成因:一是水源,二是沟通水源与井下巷道的通道。下面总结搜集到的矿井突水事故案例的水源以及突水通道的分类。

矿井发生突水情况常见水源有地表水、地下水、老空水以及断层水。

(1)地表水

地表水包括地表河流、湖泊、水库、池塘、雨水以及地表积水等,地表水对于开采地形低洼且埋藏较浅煤层威胁较大,尤其在雨季表现得明显,严重的会以山洪暴发的形式流入井下。地表水能否成为威胁矿井安全生产的水源,与开采深度条件、地层构造和采煤方法有关。

（2）地下水

地下水存在于含水层中，即有空隙、裂隙或溶洞并含有地下水的岩层。孔隙水存在于流沙层和砾石层中，岩溶水存在于石灰岩含水层中，如常见的奥灰水就是存在于奥陶系灰岩中的水。这些含水层一旦被井下巷道或采煤工作面打通或揭露，便会发生突水，短时间内通常突水量较大，危害性较大，而且开采越深水压越高，裂隙、溶洞越大含水越丰富。地下水是井下最直接、最常见的水源。

（3）老空水

近几年，我国煤矿发生的多起突水特大事故都是老空水引起的。对于过去开采过的小煤窑、矿井废弃的旧巷道的分布情况探查不清，是老空水突水的主要原因。这类隐藏在地下的空洞常积聚有大量积水，当采掘工作面与它们打透时，短时间内会有大量水涌入，造成突水事故，破坏性很大。

（4）断层水

断层水存在于岩层断裂形成的断层中，有的断层带内会积存水，有的断层还会将不同的含水层连通，有的断层甚至与地表水相通。当开拓掘进或采煤接近或揭露这样的断层时，断层水便会涌出。

常见的透水通道有井口、底板、顶板、陷落柱、钻孔、巷道。

（1）井口

江、河、湖、海、水库等地表水都有可能对地势较为低洼的井口造成威胁；雨季时的山洪暴发也是造成井口成为突水通道的原因。

（2）底板

造成底板突水的因素很多，其中根本原因在于隔水层抗压能力与含水层中水的压力失去平衡。底板形变是需要时间的，是缓慢的量变最终引起含水层中水压过大击穿底板的质变。

（3）顶板

顶板成为突水通道通常有两种情况：一种是支护工作不当而发生冒顶；另一种是采煤工作面上方防水岩柱不够，当遇到强含水层时，岩柱发生垮落。这时突水都有可能发生。

（4）陷落柱

陷落柱是由石灰岩溶洞塌落所形成的，往往构成岩溶水流动的重要通道。当巷道遇到陷落柱时,会引起奥灰水大量涌入矿井。

(5)钻孔

地质勘探中需要钻孔来探查地层分布情况,有些钻孔处理不当或者封孔时使用材料质量不佳,会使钻孔在一定条件下成为含水层之间联系的通道。

(6)巷道

当巷道接近或遇到老空区时,一旦揭露,短时间内会涌出大量积水,具有很大的破坏性。

本书搜集和整理的突水事故案例来源以及事故数见表 2-1。

表 2-1　　　　　　　　　突水事故案例数据来源表

Table 2-1　　　　　　　Sources of mine water inrush cases

数据来源	数据量
《以史为鉴 警钟长鸣——安徽煤矿典型事故案例分析(1949~2003)》[59]	4
《煤矿五大灾害事故分析和防治对策》[60]	5
《煤矿岗位技术培训系列教材(十三)事故案例》[61]	10
《全国小型煤矿特大事故案例选编(2000~2003)》[62]	8
《煤矿水害事故典型案例汇编》[63]	126
《地理信息系统技术及其在煤矿水害预测中的应用》[18]	41
网络及其他	31

2.3　数据库的设计

2.3.1　概念结构设计

概念结构设计是将现实世界抽象到概念世界,是整个数据库设计的重要步骤。通过对煤矿突水事故发生情况的抽象,形成独立于具体数据库管理系统的概念模型。

描述概念模型的有力工具是实体关系模型(Entity-Relationship Modal),即 E-R 图(模型)。图 2-1 为煤矿突水事故 E-R 图,其中实体共有 5 个,分别为煤矿、突水事故、排水方案、救人方案以及封堵方案;联系共有 4 个,分别为事故发生、排水方案的执行、救人方案的执行以及封堵方案的执行。

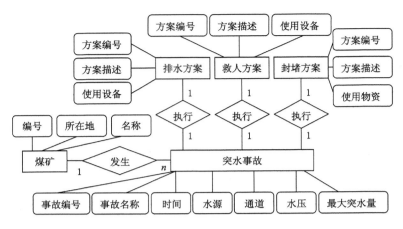

图 2-1　煤矿突水事故 E-R 图

Figure 2-1　E-R diagram of mine water inrush cases

2.3.2　逻辑结构设计

逻辑结构设计就是把概念结构设计阶段设计好的基本 E-R 图转换为与选用的 DBMS 产品所支持的数据模型相符合的逻辑结构,目前的数据库应用系统普遍采用支持关系数据模型的 RDBMS(Relational Database Management System)。E-R 图转换为关系模型的原则为:① 一个实体型转换为一个关系模式;② 一个 1∶1 可以转换为一个独立的关系模式,也可以与任意一端对应的关系模式合并;③ 一个 1∶n 可以转换为一个独立的关系模式,也可以与 n 端对应的关系模式合并;④ 一个 m∶n 可以转换为一个独立的关系模式;⑤ 三个或三个以上实体间的一个多元联系 n 可以转换为一个独立的关系模式;⑥ 具有相同码的关系模式可以合并。

把图 2-1 的煤矿突水事故 E-R 图转换为关系模型,关系的码用下划线标出。实体煤矿、突水事故、排水方案、救人方案以及封堵方案关系模型如下:

煤矿(煤矿编号,煤矿名称,所在地);

突水事故(事故编号,事故名称,时间,水源,通道,水压,最大突水量);

排水方案(方案编号,方案描述,使用设备);

救人方案(方案编号,方案描述,使用设备);

封堵方案(方案编号,方案描述,使用物资)。

联系事故发生、执行排水方案、执行救人方案、执行封堵方案的关系模型

如下:

事故发生(<u>煤矿编号</u>,<u>事故编号</u>);

执行排水方案(<u>事故编号</u>,<u>方案编号</u>);

执行救人方案(<u>事故编号</u>,<u>方案编号</u>);

执行封堵方案(<u>事故编号</u>,<u>方案编号</u>);

其中,水源类型分为地表水、地下水、老空水、断层水,透水通道分为井口、底板、顶板、陷落柱、钻孔、巷道。

2.3.3 数据库实施

煤矿突水事故案例库选用 SQL Server 2008 作为关系数据库管理系统,其优点为:① 存储方式简单,易于维护管理;② 界面友好;③ 支持广泛,易于扩展,弹性较大。数据库实施阶段的主要工作就是数据的载入,即将搜集到的数据存储到建立的关系数据库中。

2.4 存在的问题

煤矿突水事故案例库的设计存在以下问题:部分数据缺失;部分数据无法保证百分之百准确。这就提出了数据的模糊处理问题,如断层断距 4.2 m,突水处的断层断距不可能都是 4.2 m,多数情况下断层断距在 4.2 m 左右分布。为此,本书在后面章节论述中会将输入数据进行模糊处理。

2.5 本章小结

本章在搜集整理煤矿突水事故典型案例的基础上,设计了突水事故案例数据库的概念结构、逻辑结构,并使用数据库管理系统 SQL Server 创建煤矿突水事故案例库,最后分析了数据库存在的数据缺失以及部分数据不准确的问题。

3 煤矿地质体三维数据模型研究

　　煤矿井下的地质结构非常复杂,各种地质体形态各异、千差万别,这给安全开采带来了很多问题。利用计算机对采集到的数据进行管理,实现地质体的三维可视化,可以在一定程度上清晰地显示各种地质构造,有助于工程地质人员正确解释数据,继而为决策者提供决策支持,这对于煤矿的安全开采是非常有意义的。因此,煤矿地质体的三维可视化是突水预测预报决策支持系统的重要组成部分。

　　20 世纪 80 年代以来,围绕矿山、地质和岩土工程应用,国际上开发了多种三维可视化软件,如加拿大阿波罗科技集团公司推出的三维建模与分析软件 Micro LYNX,加拿大 Gemcom Software International Inc. 开发的 Gemcom 软件,美国 Scientific Software Group 公司的 SiteView 软件,澳大利亚 Micromine 公司的 Micromine 软件系统。我国煤矿专用地理信息系统以北京大学毛善君教授等开发的系统为代表,中国矿业大学、山东科技大学、中国地质大学等单位对有关三维地质可视化方面的问题做了大量研究。地质体三维可视化的关键技术问题包括:① 离散数据的插值与拟合;② 三维数据模型;③ 曲面求交;④ 三维拓扑结构分析;⑤ 可视化技术。

　　本章在深入分析应用对象特点的基础上,提出合适的空间数据模型,并对于三维建模的关键算法进行了研究,为可视化系统建设做好准备。

3.1 空间数据模型概述

3.1.1 空间数据模型的概念

　　模型是现实世界的抽象。数据模型是现实世界中实体的数据特征的抽象,是对空间实体信息进行可视化描述的抽象,是实体信息进一步抽象为计算机中的数据的基础和必要准备。目前,数据库使用的最广泛的数据模型是关系模型,而空间数据模型是数据模型在地理信息系统领域的应用。

空间数据模型是关于地理信息系统空间数据组织和空间数据库设计的基本方法,由概念数据模型、逻辑数据模型和物理数据模型组成。

概念数据模型是关于实体及实体间联系的抽象概念集,是对地理数据的语义解释,是抽象的最高层,独立于具体计算机的实现,容易向逻辑模型转换。逻辑数据模型表达概念数据模型的数据实体(或记录)及其间的关系,是地理数据的逻辑表达,是抽象的中间层,是用户所看到的现实世界地理空间。而物理数据模型是描述数据在计算机中的物理组织、存取路径和数据库结构,是系统抽象的最低层。它们之间的层次关系可以表达成一个对地理世界抽象的三个层次[64],如图 3-1 所示。

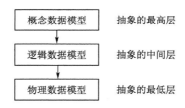

图 3-1　数据模型层次图

Figure 3-1　Hierarchy chart of data model

3.1.2　三维空间数据模型的分类

目前,按照模型几何特征来划分,三维空间数据模型总体上可以分为面元模型(Facial Model)、体元模型(Volumetric Model)、混合模型(Mixed Model)以及集成模型(Integrated Model)4 大类,按照数据描述形式划分,可以分为栅格、矢量以及栅格矢量集成 3 类。三维空间数据典型模型分类情况如表 3-1 所示。

基于面表示的数据模型主要用来表达空间对象的边界,借助微小的面单元或面元素来描述物体的几何特性。这类模型的优势在于表示表面轮廓,其存储量小,建模速度快,且便于显示和数据更新;缺点是无拓扑描述和内部属性记录而难以进行 3D 空间查询与分析,如地质层面等。其中比较有代表性的模型有:格网模型(Grid)、形状模型(Shape)、不规则三角网(TIN)、边界表示(Brep)、线框(Wire Frame)、相连切片(Linked Slices)、断面(Section)、格网形式多层 DEMs 等。

表 3-1　　　　　　　　　　三维空间数据模型分类表[65-153]

Table 3-1　　　　　　　　　　**Classes of 3D data models**

					按照模型几何特征划分		
			单一模型			混合模型	集成模型
		面元模型	体元模型				
			规则体元	不规则体元			
按照数据描述形式划分	栅格	格网模型（Grid）形状模型（Shape）格网形式多层 DEMs	体素（Voxel）针体（Needle）八叉树（Octree）规则块体（Regular Block）				
	矢量	不规则三角网（TIN）边界表示（Brep）线框（Wire Frame）相连切片（Linked Slices）断面（Section）	结构实体几何（CSG）	四面体格网（TEN）金字塔（Pyramid）地质细胞（Gelcellular）不规则块体（Irregular Block）实体（Solid）3D Voronoi 图三棱柱（TP）广义（似）三棱柱（GTP、QTPV）	不规则三角网＋格网（TIN＋Grid）断面＋不规则三角网（Section＋TIN）边界表示＋结构实体几何（Brep＋CSG）	不规则三角网＋结构实体几何（TIN＋CSG）	
	栅格矢量集成	格网＋三角网混合数字高程模型（Grid＋TIN）			八叉树＋四面体格网（Octree＋TEN）线框＋块体（Wire Frame＋Block）	不规则三角网＋八叉树（TIN＋Octree）或 Hybrid 模型	

基于体表示的数据模型是用体信息代替面信息来描述对象的内部，是真正的三维显示。这类模型的优点是易于进行空间操作和分析，但数据结构复杂，存储空间大，计算、显示和刷新速度较慢。它将三维空间物体抽象为一系列邻接但不交叉的三维体元的集合，其中体元是最基本的组成单元。比较有代表性的模型有：体素（Voxel）、针体（Needle）、八叉树（Octree）、规则块体（Regular Block）、结构实体几何（CSG）、四面体格网（TEN）、金字塔（Pyramid）、地质细胞（Gelcellular）、不规则块体（Irregular Block）、实体（Solid）、3D Voronoi 图、三棱柱（TP）、广义（似）三棱柱（GTP、QTPV）等。

体元模型很多,其中既有六面体,也有五面体、四面体。这些模型中五面体出现的较晚,它基本上克服了六面体和四面体的缺点;六面体和四面体各自的优缺点如表3-2所示,在地下工程建模领域具有较高的实用价值和较广的应用前景。

表 3-2　　　　　　　　　　　六面体和四面体优缺点对比表
Table 3-2　　　**Advantages and disadvantages of tetrahedron and hexahedron**

体元模型类别	具体模型	优点	缺点
六面体	针体模型	结构简单、数据处理操作方便	很难表示边界区域和进行结构上的分解
四面体	TEN 模型	在表达复杂结构上较灵活	会产生大量的冗余,实现算法比较复杂

为了综合面元模型和体元模型的优点,人们还提出了混合模型,比较有代表性的面体混合数据模型有不规则三角网＋格网(TIN＋Grid)、断面＋不规则三角网(Section＋TIN)、边界表示＋结构实体几何(Brep＋CSG)、八叉树＋四面体格网(Octree＋TEN)、线框＋块体(Wire Frame＋Block)和面向对象的三维数据模型。

集成模型中,有不规则三角网和结构实体几何(TIN＋CSG)的集成。为了实现 TIN 和 CSG 的集成,在 TIN 模型的形成过程中将建筑物的地面轮廓作为内部约束,如同水域处理,同时把 CSG 模型中的建筑物的编号作为 TIN 模型中建筑物的地面轮廓多边形的属性,并且将两种模型集成在一个用户界面[151]。

3.2　突水预测预报决策支持系统中的三维空间数据模型

三维空间数据模型的研究要以针对性、目的性、简单和实用性为前提。具体来讲,三维数据模型的研究要考虑以下几个方面的因素[141]。

首先,要分析参与建模的数据来源、格式与分布特征。具体模型的构建要以数据为基础,因此模型设计应该考虑数据来源、格式和分布特征。一般来讲,数据源包括离散点三维坐标、遥感图像、纹理、二维矢量图形(包括平面图、剖面图)等;数据格式分矢量、栅格、矢量与栅格混合形式;采样点分布有规则与不规则、离散与连续之分。不同类型的数据源所选择模型类型往往不一致,例如,不规则的地表采样点需要 TIN 模型进行模拟,而遥感图像则需要规则网格模型来实现。

其次,考虑建模对象的特征、形态与类型。模型建立要以正确描述建模对象为目的,不同类型空间对象存在几何形态上的差异。三维空间对象包括点对象、线对象、面对象、体对象和复杂对象,对象的形态是复杂的还是规则的?空间对象之间需不需要考虑拓扑关系?对象之间是连续的还是离散的?所有这些都将影响模型的选择。例如,建筑物的建模可以选择边界表示模型,地形景观建模则需要采用数字高程模型。

三是满足建立模型的应用目的与需要。建立三维空间对象要以满足实际需要为目的。基于不同目的和需要的建模对空间对象表达重点会有所不同,可以导致不同的三维空间数据模型。三维建模的目的是三维表面建模还是布满整个空间的体元建模?所建立的模型是实体模型还是场模型?地下矿体或水文模型则需要基于规则体元表示的场模型。

四是方便实现对模型操作的功能。所设计的模型要能方便实现对模型操作的功能。对模型操作的功能主要包括模型编辑、三维重建、空间分析、三维可视化等。不同类型的三维数据模型在支持三维模型操作方面会有较大的差距。有些模型尽管具有很强的拓扑关系表达能力,便于空间分析,但如果模型的建立难以实现或很复杂的话,效率就不会很高,不能算作是一个好的模型。例如,结构简单的三维模型便于模型的编辑、三维重建和可视化,但由于缺乏拓扑关系信息,难以支持复杂的空间分析功能。

3.2.1 钻孔

钻孔可以提供丰富的地层信息,在空间数据模型中是点的概念,所提供的信息是线的概念。地质钻孔的钻探成本很高,实际所能获得的钻孔数据数量往往有限,使用钻孔信息时通常需要进行插值和拟合。

在实际的地质勘探工作中,由于钻探工程的需要,钻孔有时会设计成具有一定倾斜角度的空间曲线,另外具有一定深度的垂直钻孔由于受岩石压力作用往往会偏离设计位置。也就是说,钻孔中线往往既不垂直也不是直线,而是一条空间曲线。显然采用标准三棱柱体建模难以适应这一事实,针对这一情况,提出了采用不规则三棱柱体建模技术。三棱柱和似三棱柱模型如图3-2所示。

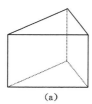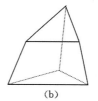

（a）　　　　　　　（b）

图 3-2　三棱柱和似三棱柱模型图

Figure 3-2　Illustration of GTP and QTPV models

采用似三棱柱模型表示煤矿三维地质体对象,设计孔点、三角形边、三角形、侧面四边形以及似三棱柱的数据结构,如图 3-3～图 3-8 所示。

（1）钻孔点的数据结构

```
Typedef struct POINT
{
    Int ID                  //钻孔点的序号
    Double x,y,z;           //钻孔的三维坐标
    Cstring strName;        //钻孔的属性描述
    Int iLayerID;           //钻孔在该层的序号
};POINT
```

图 3-3　钻孔点的数据结构图

Figure 3-3　Data structure chart of borehole

（2）三角形边的数据结构

```
Typedef struct TinEdge
{
    Int ID;                 //边的序号
    POINT  p1,p2;           //边的两端点
    Int triID;              //边的邻接三角形标识
    int QuadID[2];          //TIN 边的上、下侧面四边形标识
};TinEdge
```

图 3-4　三角形边的数据结构图

Figure 3-4　Data structure chart of the edge of triangle

（3）三角形的数据结构

```
Typedef struct TRIANGLE
{
    Int ID；              //三角形的序号
    POINT  t1[2]；        //第一条边的两个顶点
    POINT  t2[2]；        //第二条边的两个顶点
    POINT  t3[2]；        //第三条边的两个顶点
    Boolean  b1；          //第一条边是否被切割
    Boolean  b2；          //第二条边是否被切割
    Boolean  b3；          //第三条边是否被切割
};TRIANGLE；
```

图 3-5　三角形的数据结构图

Figure 3-5　Data structure chart of triangle

（4）侧面四边形数据结构

```
Typedef struct QUADRANGLE
{
    POINT  t1[2]；        //第一条边的两个顶点
    POINT  t2[2]；        //第二条边的两个顶点
    POINT  t3[2]；        //第三条边的两个顶点
    POINT  t4[2]；        //第四条边的两个顶点
    Boolean  b1；          //第一条边是否被切割
    Boolean  b2；          //第二条边是否被切割
    Boolean  b3；          //第三条边是否被切割
    Boolean  b4；          //第四条边是否被切割
};QUADTRINGLE；
```

图 3-6　侧面四边形的数据结构图

Figure 3-6　Data structure chart of quadrilateral side of TP

（5）三棱柱的数据结构

```
Typedef struct TRIPRISM
{
    Int Layer；                  //定义三棱柱所在层 ID
    Boolean bCut；               //确定该体元是否被切割
    POINT p[6]；                 //记录三棱柱 6 个顶点
    TRIANGL  upTriangle；        //三棱柱上三角形
    TRIANGL  botomTriangle；     //三棱柱下三角形
    QUADRANGLE quad[3]；         //三棱柱 3 个侧面
};TRIPRISM；
```

图 3-7　三棱柱的数据结构图

Figure 3-7　Data structure chart of TP

（6）地质体的数据结构

```
Typedef struct GEOBODY
{
    Int   Layer;            //地质体包含的地层的层数
    Int   HoleNum;          //地质体包含的钻孔数目
    Int   TriangleNum;      //地质体包含的三角形数目
    Int   TripNum;          //地质体包含的三棱柱的数目
};GEOBODY
```

图 3-8　地质体的数据结构图

Figure 3-8　Data structure chart of geological body

3.2.2　含水层分布

含水层是均质层状三维对象,同时具有这种特点的还有地层、煤层等。针体模型,如图 3-9 所示,常用于表示这类三维对象,是在 3D 栅格模型的基础上采用数据压缩技术所产生的,具体做法是在每个 (x, y) 位置所对应的 z 值采用行程编码技术进行压缩,只记录起始坐标和行程长度,其特点是节省存储空间,但精度较低,数据处理时需要进行变换操作而影响处理速度。

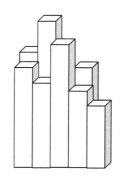

图 3-9　针体数据模型图

Figure 3-9　Illustration of Needle model

行程编码技术是将多维表示转换成一维表示,再进行数据压缩的有效方法,在压缩过程中对属性相同的连续编码在这里即 z 值进行压缩,同时保证空间关系没有任何损失,类似于二维结构中的游程编码结构,只是所压缩的不是属性值,而是坐标 z[150]。针体数据模型的数据结构如图 3-10 所示。

```
typedef struct Needle
{
    double z[];          //所有针体的高度
    double x,y;          //栅格划分的粒度
    bool isborder;       //标识是否到达边界
};Needle
```

图 3-10   针体模型的数据结构图

Figure 3-10   Data structure chart of point of Needle model

3.2.3   煤层顶底板

TIN(Triangulate Irregular Network)是模拟地面上的不规则三角格网，每个三角形顶点记录其高程，这样就可以模拟地表的高程起伏，是数字地面高程模型中的重要概念，可以进行 2.5 维的地形与表面表示。TIN 方法将无重复点的离散数据点集按某种规则（如 Delaunay 规则）进行三角剖分，使这些离散点形成连续但不重叠的不规则三角面片网，并以此来描述三维物体的表面。

TIN 可以方便地生成矿山应用的煤层顶、底板等高线图，根据区域的有限个点集将区域划分为相等的三角面网络，数字高程由连续的三角面组成，三角面的形状和大小取决于不规则分布的测点的位置和密度，既能够避免地形平坦时的数据冗余，又能按地形特征点表示数字高程特征。

TIN 示意图如图 3-11 所示，TIN 数据结构图如图 3-12 所示。

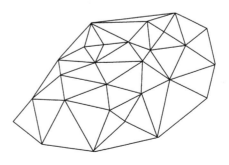

图 3-11   不规则三角网示意图

Figure 3-11   Illustration of TIN model

```
typedef struct tagPOINT
{
    double x;
    double y;
    double z;
    int idx;                    //钻孔序号
    boolean isValidPt;          //标识是否是有效点
};POINT
```

图 3-12 TIN 的数据结构图

Figure 3-12 Data structure chart of point of TIN

3.2.4 断层分布

　　断层对于突水的影响更为常见,而且引起突水事故的主要是一些中小断层。断层面倾向采空区方向的采空区边界底板断层处容易发生突水事故,尤其是当断层倾角同最大膨胀线吻合时,突水最容易发生。断层对于突水的影响主要体现在三个方面:① 断裂带的存在改变了地应力场的大小与方向。② 断裂带的存在提供了突水途径。③ 地应力释放,使隔水岩层阻水能力下降。

　　断层的结构相对复杂,采用六面体作为基本体元建立的地质体三维空间数据模型尽管具有结构简单、数据处理操作方便等特点,但也存在一定的缺陷,主要表现在边界区域难以精确表示,加上六面体较规则,难于进行结构上的分解;四面体结构在表达复杂结构上较灵活,但是使用四面体表示空间实体会产生大量的冗余,且生成四面体的算法比较复杂。对此有些学者开始研究基于三棱柱体体元的数据模型。

　　TEN(Tetrahedron Network)是不规则三角形格网模型向三维的扩展,它以不规则四面体作为最基本的体元来描述空间。该模型基于三维空间对象完全分割,包含四面体、三角形、弧、结点 4 个基本元素,可以用来描述断层的走向、倾角、断距等特征[149]。如图 3-13 所示。

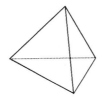

图 3-13 TEN 模型示意图

Figure 3-13 Illustration of TEN model

TEN 的数据结构,如图 3-14 所示。

```
typedef struct TEN
{
    char TENID[10];                //TEN 的序号
    char TEN Atrri[6];             //四面体中心岩性
    char TEN_NearID[10][4];        //四个相邻四面体标识码
    char PointsID[10][4];          //四个顶点标识码
};TEN
```

图 3-14　TEN 的数据结构图

Figure 3-14　Data structure chart of TEN

3.2.5　隔水层岩性组合

八叉树是将所要表示的三维空间 V 按 X、Y、Z 三个方向从中间进行分割,把 V 分割成八个立方体,如图 3-15 所示;然后根据每个立方体中所含的目标来决定是否对各立方体继续进行八等分的划分,一直划分到每个立方体被一个目标所充满,或没有目标,或其大小已成为预先定义的不可再分的体素为止。这样给可视化隔水层带来了很大的灵活性,在同质区可以采用较大的子区,在异质区则可以不断细分直至各子区均是同质区为止,既可以实现数据压缩,又能以足够的精度表达空间对象。

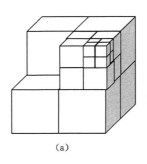
(a)

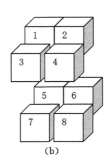
(b)

图 3-15　八叉树模型示意图

Figure 3-15　Illustration of Octree

八叉树的数据结构,如图 3-16 所示。

```
typedef struct Octree
{
    char OctreeID[10];        //八叉树的序号
    char PointsID[10][8];     //八个顶点序号
    Int iType;                //结点类型
    Int iNo;                  //位置编号
    Boolean bf;               //是否根结点
    Boolean bs;               //是否叶子结点
};Octree
```

图 3-16 八叉树的数据结构图

Figure 3-16 Data structure chart of Octree

图 3-16 中八叉树数据结构的重要属性的含义如表 3-3 所示,包括结点类型属性、位置编号属性、是否根结点属性以及是否叶子结点属性。

表 3-3 八叉树数据结构部分属性说明表

Table 3-3 Attribute specification of data model of Octree

属性	说 明	
Int iType	结点类型	iType=1 表示该立方体完全被实体所占有
		iType=2 表示该立方体完全与实体不相交
		iType=3 表示实体占有该立方体部分空间
Int iNo	位置编号	iNo=1~8 分别表示该立方体位于其父结点立方体中的位置,如图 3-15(b)所示
Boolean bf	是否根结点	bf=true 表示该结点为根结点
Boolean bs	是否叶子结点	bs=true 表示该结点为叶子结点

八叉树的主要优点在于可以非常方便地实现有广泛用途的集合运算(例如,可以求两个物体的并、交、差等运算),这些恰是其他表示方法比较难以处理或者需要耗费许多计算资源之处。不仅如此,由于这种方法的有序性及分层性,因而给显示精度和速度的平衡、隐线和隐面的消除等带来了很大的方便,特别有用。在煤矿开采中,越下面的岩层挠度越小、厚度越大,对于开采越有利,越不容易出现透水现象。因为岩性组合会参与多种集合运算,所以八叉树比较适用于隔水层岩性组合的可视化和空间分析中。

一般来说,用八叉树来表达地质体,存在以下缺点:① 位置表达精度低,不适合于表达地质体的边界。如果要提高精度,则数据量会呈指数增长。② 由于立方体有 6 个面,在进行空间剖分时,算法复杂,计算量较大[150]。

3.2.6 多种数据模型的混合使用

同时使用两种以上模型,即为多种数据模型的混合使用,这种做法主要是为了在特定应用场合更好地发挥各种模型的优点。基于混合表示的数据模型有两层意思,即混合式数据模型、集成式数据模型。前者是指两种或多种数据模型独立存在,只是采取一定的手段进行有效的连接;而后者是从数据结构设计上考虑两者的集成[150]。这里构建煤矿水害防治系统,采用的是混合式数据模型,这种方法使用比较简单。小规模数据的实验表明,多种模型的混合使用可以使得各模型各尽其能,但是缺乏统一的表示方式及更为有效的连接,这方面正是本书下一步的研究方向。

3.3 建模算法研究

地质体三维建模的基本过程主要包括数据获取、数据预处理、数据剖分、布尔运算以及地质体生成。下面对这些过程中的关键算法进行研究[148]。

3.3.1 数据获取

数据获取是三维地质体建模的第一步,也是非常关键的一步,有效的数据支撑是可视化三维地质体的基础。数据获取其实就是地址数据数字化的过程,如图 3-17 所示。数据获取有两个来源,即原始勘探数据和地学成果数据。

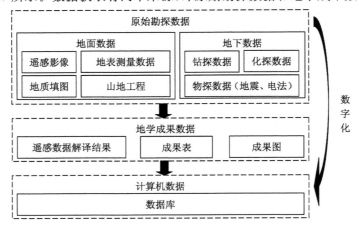

图 3-17　数据获取过程图

Figure 3-17　Procedure chart of obtaining data

（1）原始数据

原始地质数据主要包括钻孔数据、分析化验数据、地震原始数据、电法勘探原始数据、测井原始数据等各种测量数据。原始数据是被测量地质对象特性的真实记录，是通过各种勘探手段得到的第一手数据。测量方法不同会使得原始数据有多个版本，正常存在的测量误差是不可避免的，虽然测得数据不相同，但它们同样具有价值。

（2）成果数据

成果数据是在原始数据的基础上加工、融合、提炼得到的结果。

AutoCAD 图格式的成果数据目前使用非常广泛，无论是钻孔数据还是地表数据，大部分使用 AutoCAD 进行存储，从中提取有效数据是获取数据的重要途径。

DXF（Drawing Exchange Format）是 Autodesk 公司开发的用于 AutoCAD 与其他文件之间进行 CAD 数据交换的 CAD 矢量文件格式，以 ASCII 码方式存储文件，可以十分精确地表现图形的大小，许多软件都支持 DXF 格式的输入与输出。DXF 文件中标记与图形元素对应关系如图 3-18 所示，将 AutoCAD 文件另存为 DXF 格式后，DXF 文件不同的标记代表不同的图形元素，读取"SECTION"和"ENDSEC"中的数据，根据不同的标记读取图层中存放的不同的几何数据，最后将获取的数据写入文件。读取 DXF 文件的过程如图 3-19 所示。

3.3.2　数据剖分

利用钻探、物探等技术得到的离散、稀疏的地质数据构建顶板、底板曲面，是 TIN 方式建模的重要环节。

基于散点建立数字地面模型，常采用在欧几里得空间中构造 Delaunay 三角形网的通用算法——逐点插入算法。

算法流程图如图 3-20 所示，首先读入数据点，然后遍历所有数据点，生成点集的包容盒，并初始化三角形链表；接着插入一个点，在三角形链表中找出该点的影响三角形；然后删除影响三角形的公共边，并将插入点同影响三角形的全部顶点连接起来；使用局部优化算法对三角形链表进行优化，将形成的三角形加入三角形链表；输出三角形链表。

DXF 文件中的标记	图形元素
LINE	直线
POINT	点
CIRCLE	圆
ARC	圆弧
TRACE	粗实线
SOLID	实体
TEXT	文字
SHAPE	形体
PLINE	折线
DIMENSION	尺寸标注
INSERT	插入图形
VIEWPORT	视区
ATTDEF	属性定义
ATTRIB	属性值
VERTEX	顶点
SEQEND	折线终止
3DFACE	三维面
SPLINE	样条曲线

图 3-18 DXF 文件中标记与图形元素对应图

Figure 3-18 Symbols and the corresponding graphic elements in DXF file

外接圆包含插入点的三角形就是这个插入点的影响三角形,如果没有已经存在的影响三角形,则插入点和邻近的两个点连接,可以认为插入点和这两个邻近点构成的是插入点的影响三角形。三角网剖分过程仿真图如图 3-21 所示,圆点表示新插入的点。

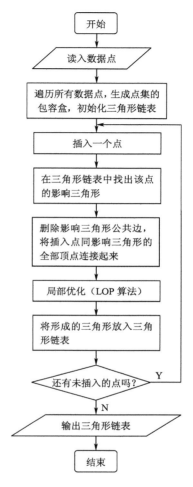

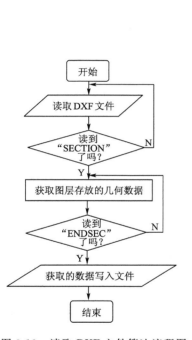

图 3-19 读取 DXF 文件算法流程图

Figure 3-19 Program flow chart
of DXF file input

图 3-20 三角形网剖分算法流程图

Figure 3-20 Program flow chart
of triangulation

图 3-21 三角网剖分过程仿真图

Figure 3-21 Emulation of triangulation

3.4 本章小结

　　本章在研究三维空间数据模型的基础上,根据与突水相关的地质体的特征,对钻孔、含水层分布、煤层顶底板、断层分布、隔水层岩性组合设计了合理的数据结构,研究了数据获取、数据预处理、数据剖分、布尔运算以及地质体生成的关键算法,为三维可视化系统的实现打下坚实的基础。

4 突水预测预报技术研究

　　突水的发生是多因素影响的、复杂的、非线性的问题，在计算机的支持下，突水预测预报技术进入机器学习时代，准确率较高的预测预报可以为决策者提供有价值的参考信息。

　　本章研究的是突水预测预报技术，共采用三种方法。第一种为平行坐标法，这是一种可视化数据挖掘的方法，通过绘制平行坐标图，可以观察到聚类的规律，也可以反过来根据聚类的结果观察灵敏属性的存在。第二种方法为模糊自适应神经网络方法，在深入研究模糊自适应神经网络的结构以及学习算法的基础上，设计实现了预测底板突水量的 ANFIS 模型，并对数据预处理以及隶属函数的选择进行了比较分析，通过训练数据检验，证明预测效果较好。第三种方法为支持向量机方法，在深入研究支持向量机的基础理论的基础上，分别对 UCI 的 Iris 数据集和突水量分类的数据集进行实验，使用交叉验证算法对数据集进行划分，并使用"先粗后细"的搜索方法搜寻较好的参数 C 和 γ。

4.1 平行坐标法在突水预测预报中的应用

　　作为数据可视化的技术之一，平行坐标方法应用较广泛，使用平行坐标可视化突水数据，可以使决策者通过观察发现灵敏属性。

4.1.1 数据可视化概述

　　数据可视化是理解和认知数据规律的方法，也称为可视化数据挖掘。可视化数据挖掘在数据挖掘中具有非常重要的地位，是筛选数据以及寻找未知数据关系的理想方法。

　　需要明确的是可视化数据挖掘方法与传统的数据挖掘方法是截然不同的。传统的数据挖掘是程序通过搜索、比对、计算得出隐含在数据中的规律，呈现给用户。而可视化数据挖掘提供给用户不一样的观察角度,将大量数据集成显示在一幅或者多幅图上,利用人类独特的视觉能力,并调动人类联想、学习、记忆等一切计算机无法比拟的能力,通过人类的主动观察,发现数据隐含的规律,还可以通过交互和变形技术改变过程所依据的条件,并观察其影响。

数据的可视化主要涉及三个要素,即需要可视化的数据类型、数据可视化技术及数据进行交互和变形的技术。这三个要素构成了对数据的可视化[154]。如图 4-1 所示。

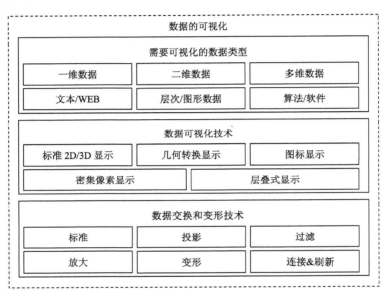

图 4-1　数据可视化的三要素

Figure 4-1　Three key elements of data visualization

数据可视化技术包括标准 2D/3D 显示、几何转换显示、图标显示、密集像素显示以及层叠式显示。其中:

(1)几何转换显示技术旨在发现多维数据集在改变观察角度和显示数据的方式后有趣的变化,这种变化可以使人类较为轻松地查看海量数据的数据分布,为发现隐含规律提供方便。目前主流的几何显示技术研究包括两种:散点图矩阵(Scatter plots matrices)[155]、平行坐标(Parallel coordinates)[156-157]。

（2）图标显示技术（Iconic displays）的基本思想是把每个多维数据项画作一个图标，图标的各个部分用来表示多维数据属性。例如有名的 Chemoff 脸技术[158-159]，这种技术利用人类对于人脸的识别能力来可视化数据，将多维数据显示为人脸的特征，如左眼与右眼的距离，鼻子的长度等。基于图标的可视化方法还包括表长法（Table lens）、形状编码（Shape coding）[160]、枝形图（Stick figures）[161]等。

（3）层叠式显示技术（Stacked displays）的基本思想是将多维数据空间划分为若干子空间，对这些子空间仍以层次结构的方式组织并以图形表示出来。基于层次的可视化技术包括树图（Tree map）[162]、维嵌套（Worlds within worlds）[163]、锥形树（Cone trees）[164]、双曲线树[165]等。层叠式显示技术适用于层次关系的数据信息，例如人事组织、文件目录、人口调查等。

（4）密集像素显示技术[166-167]的基本思想是把每一维数据值映射到一个彩色像素上，并把属于每一维的像素归纳入邻近的区域。

4.1.2　平行坐标方法

平行坐标法作为数据可视化的一种手段，克服了人眼很难观察出多维数据规律的障碍，以简明直观的图形形式表示高维数据，也因其有效的降维作用，成为多维数据可视化的有效方法之一。

在传统的坐标系中，所有的坐标轴都是相互交叉的。在 Inselberg 最早提出的平行坐标中，所有的轴都是等区间且平行的。平行坐标法是以二维形式表示 n 维空间的数据可视化方法之一[156]。

相互平行的每个坐标轴都表示 n 维空间的一维，代表数据的一个属性，一条数据记录用一条折线表示，每条折线由 $n-1$ 条线段组成，折线与平行坐标的交点就是数据记录在坐标表示的属性上的取值。这条由 $n-1$ 条线段所构成的折线可以由下面 $n-1$ 个线性无关的方程表示：

$$\frac{x_1-a_1}{u_1}=\frac{x_2-a_2}{u_2}=\cdots=\frac{x_n-a_n}{u_n}$$

$$x_{i+1}=m_ix_i+b_i, \ i=1,2,\cdots,n \tag{4-1}$$

其中，$m_i=u_i+\dfrac{1}{u_i}$ 表示斜率；$b_i=a_{i+1}-m_ia_i$ 表示在 $x_{i+1}x_i$ 平面中 x_{i+1} 轴上的截距。

如图 4-2 所示平行坐标示意图，可以看到三条折线中，上面两条折线走势相近,这种对于走势的大体判断是人类眼睛的特殊功能。由图中可以发现, a_{2i} 和 a_{3i} 是更为相近的关系,而 a_{1i} 不是,如果从聚类的角度去分析,那么 a_{2i} 和 a_{3i} 可以聚为一类,而 a_{1i} 是另一类。

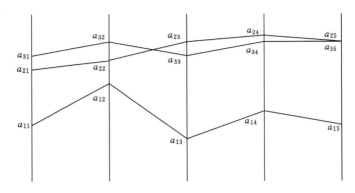

图 4-2   平行坐标示意图

Figure 4-2   Parallel Coordinates sketch

4.1.3   鸢尾花数据集可视化分析

(1) 数据说明

UCI(University of California Irvine,加州大学尔湾分校)的安德森鸢尾花卉数据集(Anderson's Iris data set),也称鸢尾花卉数据集(Iris flower data set)或费雪鸢尾花卉数据集(Fisher's Iris data set),是一类多重变量分析的数据集。它最初是埃德加·安德森(Edgar Anderson)从加拿大加斯帕半岛(Gaspé Peninsula)上的鸢尾属花朵中提取的地理变异数据,后由罗讷德·费雪(Ronald Aylmer Fisher)作为判别分析的一个例子,运用到统计学中。

该数据集包含了 50 个样本,都属于鸢尾属下的三个亚属,分别是山鸢尾(Iris-setosa)、变色鸢尾(Iris-versicolor)和维吉尼亚鸢尾(Iris Virginica)。其四个特征被用作样本的定量分析,它们分别是花萼和花瓣的长度和宽度,如表 4-1 所示。数据集包含 150 个数据集,分为 3 类,每类 50 个数据,是在数据挖掘、数据分类中常用的测试集、训练集。

表 4-1　　　　　　　　　　　鸢尾花数据集表
Table 4-1　　　　　　　　　　　Data of Iris

鸢尾花数据集（前 5 条数据记录）

序号	花萼长度/cm	花萼宽度/cm	花瓣长度/cm	花瓣宽度/cm	属种
1	5.1	3.5	1.4	0.2	Setosa
2	4.9	3.0	1.4	0.2	Setosa
3	4.7	3.2	1.3	0.2	Setosa
4	4.6	3.1	1.5	0.2	Setosa
5	5.0	3.6	1.4	0.2	Setosa

（2）数据的标准化

在数据分析之前,数据通常需要标准化（normalization）,也称为规范化,原始数据的多个属性通常含义不同,单位不同,如果不标准化,原本数值较大的属性就会比原本数值较小的属性更多地影响数据挖掘的结果以及可视化的结果,这会降低模型的准确率,所以标准化是有必要的。本书后面的章节将会比较标准化后的数据训练模型和标准化前的数据训练模型的均方根误差,结果还是相差很大的。

数据标准化的方法很多,常用的有"最小-最大标准化"、"Z-score 标准化"等。经过标准化处理,原始数据均转换为无量纲化指标测评值,即各指标值都处于同一个数量级别上,可以进行综合测评分析了。

采用第一种标准化的方法即"最小-最大标准化",变换后数据均分布在 $[0,1]$ 范围内。这是一种线性变换,样本 $x_i \in D$,其中 x_{ij} 是 x_i 在第 j 个属性上的值,如公式（4-2）所示。

$$x'_{ij} = \frac{x_{ij} - \min_j x_{ij}}{\max_j x_{ij} - \min_j x_{ij}} \tag{4-2}$$

采用另一种标准化的方法即"Z-score 标准化",变换后数据均分布在 $[-1,1]$ 范围内。这种方法是基于原始数据的均值（mean）和标准差（standard deviation）进行数据的标准化的,如公式（4-3）所示。

$$\begin{cases} x'_{ij} = \dfrac{x_{ij} - \overline{x}_j}{v_j} \\[2mm] \overline{x}_j = \dfrac{1}{n} \sum_{i=1}^{n} x_{ij} \\[2mm] v_j = \sqrt{\dfrac{1}{n} \sum_{i=1}^{n} (x_{ij} - \overline{x}_j)^2} \end{cases} \tag{4-3}$$

这里使用的是第二种标准化的方法。

标准化后的数据还需要进行一定的几何变换，如平移和缩放，多次实验后才能绘制出最后的可视化效果图，如图 4-3 所示。

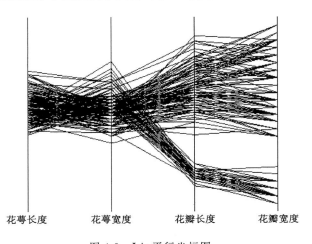

图 4-3 Iris 平行坐标图

Figure 4-3 Parallel Coordinates of Iris

由图 4-3 可以明显地观察到，数据走势基本分为两类，一类上扬，一类下行，于是可以得出鸢尾花可以分为两类的结论，这与实际情况分为三类不一致，但这也一定程度上表示出三类鸢尾花中有两类亲属关系较近，另外一类较远。

为了更清楚地研究各种属性的区分度，将图 4-3 用不同颜色渲染，即在确定分类的基础上，给三类花的数据渲染不同的颜色，如图 4-4 所示。可以观察到，三类花的数据走势各不相同，"花萼长度"属性和"花萼宽度"属性上，三类花的数据交杂在一起，而"花瓣长度"和"花瓣宽度"两个属性则把三类花的数据很好地区分开来，即实际情况中，只要观察这两个属性，就可以基本确定花的种类。

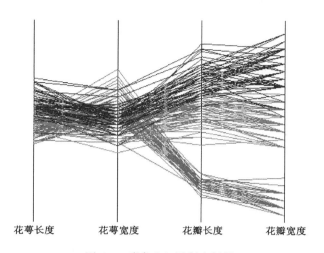

花萼长度　　　　花萼宽度　　　　花瓣长度　　　　花瓣宽度

图 4-4　彩色 Iris 平行坐标图

Figure 4-4　Colored Parallel Coordinates of Iris

4.1.4　突水数据集可视化分析

　　文献[13]中对 19 个突水样本进行了研究,选取水压、是否有含水层、隔水层厚度、底板采动导水裂隙带深度、断层落差作为特征参数,一共 19 个工作面的突水数据,分别为淮南谢一矿 33 采区底板、焦作九里山矿 12031 工作面、新汶潘西矿潘东井 106 工作面、肥城陶阳矿 9901 工作面、肥城大封矿 9204 工作面、肥城陶阳矿 9906 工作面、淄博夏庄矿二井 1007 工作面、焦作王封矿 1441 工作面、峰峰二矿 2682 工作面、新汶协庄矿 31104 东工作面、淄博龙泉矿 149 工作面、肥城陶阳矿 9903 工作面、淮北杨庄矿 II 617 工作面、峰峰一矿 1532 工作面、肥城查庄矿 7505 工作面、峰峰二矿 2671 工作面、焦作韩王矿 2131 工作面、肥城大封矿 9206 工作面、焦作冯营矿 1301 工作面。底板突水量等级,按煤炭科学研究总院西安分院王梦玉等人的划分方案,将底板突水量分为 4 个等级,属性取值如表 4-2 所列。突水数据平行坐标图如图 4-5 所示。

表 4-2   突水数据属性取值表(1)

Table 4-2   Values of variables about water inrush(1)

属性	属性取值
水压	具体数值,单位 MPa
隔水层厚度	具体数值,单位 m
底板采动导水裂隙带深度	具体数值,单位 m
断层落差	具体数值,单位 m
含水层	1 表示薄层灰岩
	0 表示厚层灰岩
最大突水量分类	小型突水 $Q<600$,单位 m³/h
	中型突水 $600{\leqslant}Q<1\ 200$,单位 m³/h
	大型突水 $1\ 200{\leqslant}Q<3\ 000$,单位 m³/h
	特大型突水 $Q{\geqslant}3\ 000$,单位 m³/h

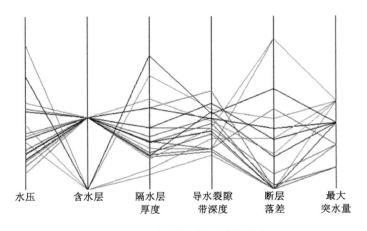

图 4-5   突水数据平行坐标图(1)

Figure 4-5   Parallel Coordinates of water inrush data(1)

由突水数据的平行坐标图看不出像 Iris 数据平行坐标图那样的明显聚类,这和数据的分布特点是有关系的。

如果反方向来考虑聚类的过程,即在已知每条数据记录的分组结果的基础上,分析每个属性的区分度,那么区分度好的属性就是最值得关注的。通常,数据集中有多个属性,但其决定类别的作用性不同,有的属性有很好的区分类别的作用,这类属性对于现场工作是很有指导作用的。

使用平行坐标进行可视化,聚类结果并不明显,分析其原因主要有:第一,数据量较少,有待丰富;第二,突水情况复杂。根据已有突水量情况,分为大突水量和小突水量,再次画出平行坐标图,如图4-6所示。

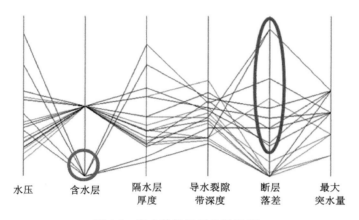

水压　　含水层　　隔水层　　导水裂隙　　断层　　最大
　　　　　　　　厚度　　带深度　　落差　　突水量

图 4-6　突水数据平行坐标图(2)

Figure 4-6　Parallel Coordinates of water inrush data(2)

在图 4-6 中,有两条规律值得重视:

(1)蓝色标出的大突水量数据大都集中在红色长椭圆形(9 条大突水量的数据中有 7 条数据)中,可以发现断层落差对于区分突水量起着关键作用。这个规律表明,地质构造在突水事故中起到控制作用,断层的不稳定性需要得到充分重视。

(2)绿色小椭圆形标出的部分,9 条大突水量的数据中有 4 条数据显示为厚层含水层,反过来说,所有小突水量的数据都是薄层含水层的,薄层含水层基本不会出现大突水量事故。

4.2　突水量预测的模糊自适应神经网络模型设计与实现

4.2.1　模糊自适应神经网络概述

目前,单纯使用神经网络技术的研究已经较少被关注,原因在于神经网络容易出现过学习等问题,而且像黑盒子一样的神经网络的知识表达方式使其不能够利用先验知识进行学习。与此同时，模糊系统的应用也遇到了模糊规则难于确定的问题。表 4-3 从知识的角度对神经网络和模糊系统进行比较。

表 4-3　　　　　　　　神经网络和模糊系统对比表
Table 4-3　　　Comparison of Neural Network and Fuzzy system

方式	神经网络	模糊系统
知识的表达方式	描述大量数据之间的复杂的没有数学模型的函数关系，难理解	可以表达人的经验性知识，容易理解
知识的存储方式	权系数中	规则集中
知识的运用方式	涉及的神经元很多，计算量大	同时激活的规则不多，计算量小
知识的获取方式	由输入输出样本中自动学习	专家提供或设计

模糊神经网络（Fuzzy Neural Network，FNN）集成了模糊逻辑与神经网络的优点，充分考虑了二者的互补性，既可以具有模糊逻辑的模糊信息处理能力，又可以有神经网络的自学习能力，因此有很广泛的应用前景。按照神经网络与模糊系统的结合方式，模糊神经网络可以分为以下两种[168-169]。

（1）狭义模糊神经网络。这种模糊神经网络将模糊成分引入神经网络，使神经网络具有逻辑推理功能，从而提高了原有神经网络的可解释性和灵活性，利用模糊逻辑提高神经网络的学习速度。狭义模糊神经网络保留了神经网络的基本性质与结构，只是将其中某些元件"模糊化"，其本质上还是神经网络，主要应用于模式识别领域。常见狭义模糊神经网络有 Fuzzy ML、Fuzzy CMAC、FCM、Fuzzy ART、Fuzzy Hopfield NN、Fuzzy Max-Min NN、FCP、FWNN 等。

（2）神经模糊系统。这种模糊神经网络是利用人工神经网络的学习算法对模糊系统的参数进行调整，并按照模糊逻辑运算步骤分层构造，不改变模糊系统的基本功能（如模糊化、模糊推理和去模糊化）。常见神经模糊系统有 FAM、FUN、NEFCON、ARIC、NNDFR、ANFIS、FruleNet、FuNet 等。其中自适应模糊神经推理系统[170-172]，也称为基于神经网络的自适应模糊推理系统（Adaptive Network-based Fuzzy Inference System，ANFIS）。

ANFIS 结构上像神经网络,功能上是模糊系统,这是目前研究和应用最多的一类模糊神经网络。ANFIS 最大的特点是,该系统是基于数据的建模方法的。自适应神经网络模糊系统中的模糊隶属函数及模糊规则是通过大量已知数据的学习得到的,而不是基于经验或直觉任意给定的。这对于那些特性还不被人们所完全了解或特性非常复杂的系统是尤为重要的,煤矿底板突水正是这种复杂非线性系统。

4.2.2 模糊自适应神经网络的结构

模糊自适应神经网络共分 5 层,如图 4-7 所示。它是根据模糊系统的工作过程设计的,是神经网络实现的模糊推理系统。

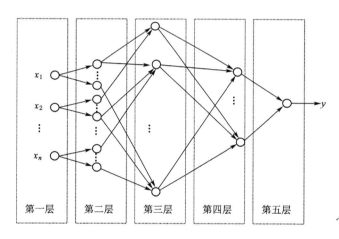

图 4-7　ANFIS 神经网络结构图

Figure 4-7　Structure of Neural Network in ANFIS

第一层是输入层,即 n 维输入向量 x。

第二层是隶属函数参数层,输入向量的每一维都需要设置隶属函数和隶属区间个数 m_i。常用的隶属函数如高斯隶属函数、正态隶属函数、三角隶属函数和梯形隶属函数,常用的隶属区间个数为 2 或 3。

第三层是规则层,即输入向量的每一维分量各出一个隶属区间进行组合,每一种组合都是一条规则,共 $\prod_{i=1}^{n} m_i$ 条规则。

第三、四层间的权重以及第四、五层间的权重是可以调整的,原理与普通神经网络相同,通过训练数据训练可以得出权重的取值。

第五层为输出层。

4.2.3　模糊自适应神经网络的学习算法

常用学习算法有 BP 算法、RBF 算法、Hybrid(混合)算法等。如图 4-8 所示,BP 算法的基本思想是权值取指定的初始值,读入一条训练向量,根据该向量的属性求出隐含层以及输出层各单元的输出,求出期望输出和实际输出的偏差 e,如果 e 满足要求就可以输出权值,如果 e 不满足要求,就需要计算隐含层单元误差,求误差梯度,然后更新权值,再读入下一条训练向量,直到 e 满足要求,输出训练结束后的权值,即可得到训练好的神经网络模型。

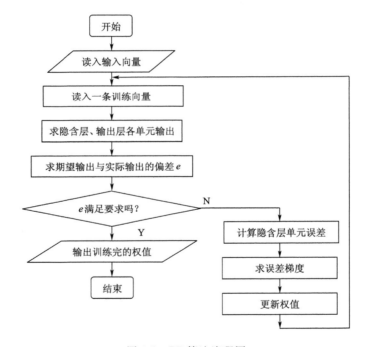

图 4-8　BP 算法流程图

Figure 4-8　Program flow chart of BP algorithm

4.2.4　突水量预测的 ANFIS 模型设计与实现

(1) 数据说明

突水量预测是回归问题,不是分类问题,所以上节中使用的数据不再适用。本书参照第 2 章所设计的煤矿突水典型案例数据库中的数据,在突水量上没有使用等级,而是采用最大突水量的具体数值,属性取值如表 4-4 所示,具体数据如表 4-5 所示。

表 4-4　　　　　　　　突水数据属性取值表(2)

Table 4-4　　　　　　Values of variables about water inrush(2)

属性	属性取值
水压	具体数值,单位 MPa
隔水层厚度	具体数值,单位 m
底板采动导水裂隙带深度	具体数值,单位 m
断层落差	具体数值,单位 m
含水层	1 表示薄层灰岩
	0 表示厚层灰岩
最大突水量	具体数值,单位 m³/h

表 4-5　　　　　　　　　突水数据表

Table 4-5　　　　　　Data sets of variables about water inrush

工作面名称	水压 /MPa	含水层*	隔水层厚度 /m	底板采动导水裂隙带深度 /m	断层落差 /m	最大突水量 /(m³/h)
淮南谢一矿 33 采区底板	2.00	1	30.0	12.9	1.5	1 085
焦作九里山矿 12031 工作面	1.80	1	23.0	12.3	0.0	2 220
新汶潘西矿潘东井 106 工作面	1.70	0	10.0	10.7	5.0	10 640
肥城陶阳矿 9901 工作面	0.60	1	17.0	8.6	8.0	1 083
肥城大封矿 9204 工作面	1.08	1	16.5	16.5	3.2	1 628
肥城陶阳矿 9906 工作面	1.42	1	25.7	15.2	0.0	缺失
淄博夏庄矿二井 1007 工作面	5.19	0	55.9	17.0	7.0	4 006
焦作王封矿 1441 工作面	1.10	1	20.0	8.5	15.0	3 060

突水预测预报决策支持系统关键技术研究

45

工作面名称	水压/MPa	含水层*	隔水层厚度/m	底板采动导水裂隙带深度/m	断层落差/m	最大突水量/(m³/h)
峰峰二矿 2682 工作面	2.90	1	40.0	20.9	0.0	864.8
新汶协庄矿 31104 东工作面	1.30	1	30.0	18.3	4.9	1 960.2
淄博龙泉矿 149 工作面	4.06	0	65.9	16.0	10.0	970
肥城陶阳矿 9903 工作面	0.85	1	23.1	13.9	0.4	缺失
淮北杨庄矿Ⅱ617 工作面	3.11	1	44.3	14.4	3.5	3 153
峰峰一矿 1532 工作面	2.30	0	7.3	7.3	0.0	13 620
肥城查庄矿 7505 工作面	1.01	1	18.0	11.7	0.0	缺失
峰峰二矿 2671 工作面	2.80	1	40.0	15.0	6.0	1 310
焦作韩王矿 2131 工作面	1.10	1	16.0	8.0	0.0	900
肥城大封矿 9206 工作面	1.26	1	23.5	8.5	0.0	436
焦作冯营矿 1301 工作面	1.90	1	15.0	13.0	65	5 082

* 含水层属性:1 表示薄层灰岩,0 表示厚层灰岩。

(2) 数据预处理

表 4-5 中,有三个案例(肥城陶阳矿 9906 工作面、肥城陶阳矿 9903 工作面、肥城查庄矿 7505 工作面)的突水量数据缺失。

对于缺失的数据,通常的处理方法有:① 案例删除,即将缺失数据的案例整体删除;② 均值替换,对于数值型数据采用平均值来替换,对于非数值型数据采用出现频率最高的属性值来替换;③ 随机插补,即随意找一个值来替换。

因为文献[13]中给出了这三个案例的突水量的分类情况均为"1000"类,即小型突水,突水量小于 600 m³/h,故采用均值替换法,即使用 300 m³/h 来填补缺失数据。

使用标准化的预处理与不使用预处理,对于神经网络的训练效果是有很大差别的,图 4-9、图 4-10、图 4-11 分别为不标准化数据的测试数据均方差曲线、使用"最小-最大标准化"(方法一)的测试数据均方差曲线以及使用"Z-score 标准化"(方法二)的测试数据均方差曲线。

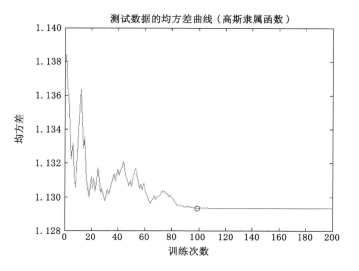

图 4-9　未标准化的突水测试数据的均方差曲线图

Figure 4-9　Curve of RMS errors water inrush checking
data set without normalization

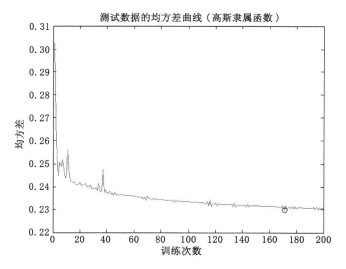

图 4-10　使用方法一标准化的突水测试数据的均方差曲线图

Figure 4-10　Curve of RMS errors water inrush checking
data set with the first normalization

突水预测预报决策支持系统关键技术研究

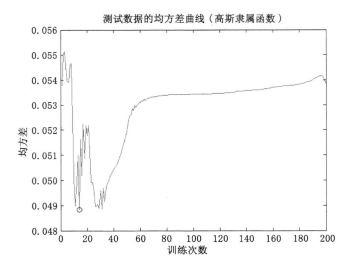

图 4-11　使用方法二标准化的突水测试数据的均方差曲线图

Figure 4-11　Curve of RMS errors of water inrush checking
data set with the second normalization

使用不同标准化方法测试数据均方根误差最小值如表 4-6 所示,可见第二种标准化方法得到的效果最好。

表 4-6　　　　使用不同标准化方法测试数据均方根误差最小值表

Table 4-6　　　RMS errors of water inrush checking data set
with the different normalization methods

标准化方法	不标准化	方法一标准化	方法二标准化
均方根误差	1.129 3	0.229 9	0.048 8

（3）隶属函数选择

隶属函数表示模糊程度,主要用于处理训练样本中的噪声数据,针对神经网络对训练样本内的噪声和孤立点的敏感性进行处理。模糊集合的一个基本问题就是如何确定一个明晰的隶属函数,但至今没有严格的确定方法,通常靠直觉、经验、统计、排序、推理等确定。下面在确定标准化方法为第二种方法的基础上,通过实验比较使用不同的隶属函数测试数据的均方根误差的变化情况。

隶属函数分为偏小型、偏大型以及中间型,偏小型和偏大型都属于中间型的特殊形式。常用的隶属函数有:① 高斯隶属函数;② 正态隶属函数;③ 梯形隶属函数;④ 三角隶属函数。

① 高斯隶属函数,σ、c 为参数,x 为自变量。

$$f(x,\sigma,c)=\mathrm{e}^{-\frac{(x-c)^2}{2\sigma^2}} \tag{4-4}$$

② 正态(钟形)隶属函数,a、b、c 为参数,x 为自变量。

$$f(x,a,b,c)=\frac{1}{1+\left|\dfrac{x-c}{a}\right|^{2b}} \tag{4-5}$$

③ 梯形隶属函数,参数 a、d 对应梯形下部的左右两个拐点,参数 b、c 对应梯形上部的左右两个拐点。

$$f(x,a,b,c,d)=\begin{cases}0, & x\leqslant a\\[2mm]\dfrac{x-a}{b-a}, & a\leqslant x\leqslant b\\[2mm]1, & b\leqslant x\leqslant c\\[2mm]\dfrac{d-x}{d-c}, & c\leqslant x\leqslant d\\[2mm]0, & d\leqslant x\end{cases} \tag{4-6}$$

④ 三角隶属函数,参数 a、c 对应三角形下部的左右两个顶点,参数 b 对应三角形上部的顶点,$a\leqslant b\leqslant c$。

$$f(x,a,b,c)=\begin{cases}0, & x\leqslant a\\[2mm]\dfrac{x-a}{b-a}, & a\leqslant x\leqslant b\\[2mm]\dfrac{c-x}{c-b}, & b\leqslant x\leqslant c\\[2mm]0, & c\leqslant x\end{cases} \tag{4-7}$$

基于正态、三角、梯形隶属函数的突水测试数据的均方差曲线如图 4-12、图 4-13、图 4-14 所示。

使用不同隶属函数测试数据均方根误差最小值如表 4-7 所示,可见使用三角隶属函数得到的效果最好。

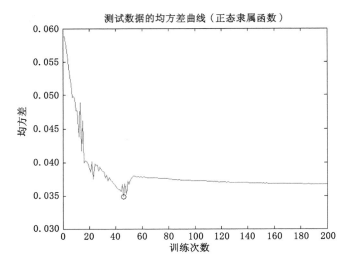

图 4-12 基于正态隶属函数的突水测试数据的均方差曲线图

Figure 4-12 Curve of RMS errors water inrush
checking data set based on gbellmf

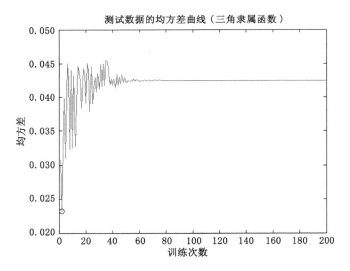

图 4-13 基于三角隶属函数的突水测试数据的均方差曲线图

Figure 4-13 Curve of RMS errors water inrush
checking data set based on trimf

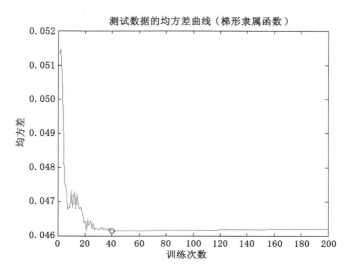

图 4-14 基于梯形隶属函数的突水测试数据的均方差曲线图

Figure 4-14 Curve of RMS errors water inrush checking data set based on trapmf

表 4-7   使用不同隶属函数测试数据均方根误差最小值表

Table 4-7   RMS errors of water inrush checking data set with the different membership functions

隶属函数	正态	高斯	三角	梯形
均方根误差	0.034 9	0.048 8	0.023 2	0.046 1

（4）结果分析

在前面分析比较的基础上可以得出结论,在使用第二种标准化方法即"Z-score标准化"方法以及三角隶属函数的情况下,得到的 ANFIS 均方根误差最小,即得到期望的用于突水量预测的 ANFIS 模型。

（5）与 BP 神经网络的预测结果对比

使用同样的训练数据集和测试数据集对 BP 神经网络进行训练和测试,并使用第二种标准化方法,实验结果表明,在迭代 200 次后,测试数据的均方根误差为 0.007 6,高于表 4-7 中的实验结果。分析其原因,主要在于获取的突水数据本来就存在模糊性,使用隶属函数去处理,使得数据的模糊性得到了弱化,结果较为理想。

4.3 突水量预测的支持向量机模型研究

4.3.1 支持向量机概述

支持向量机[173](Support Vector Machines,SVM)方法是建立在统计学习理论的 VC 维理论和结构风险最小化原理基础上的机器学习方法。SVM 解决分类问题的基本思想如图 4-15 所示,即对于线性不可分的样本空间,通过非线性映射 φ 映射到线性可分的高维特征样本空间,在高维空间下求解最优分类超平面,再将该超平面应用于原来的样本空间分类。其中,最主要思想是建立一个超平面作为决策曲面,使得正例和反例之间的隔离边缘被最大化,即求最优分类超平面等价于求最大间隔。

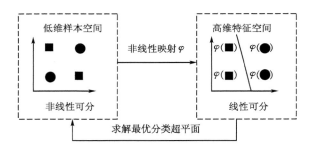

图 4-15　SVM 基本思路示意图

Figure 4-15　Diagrammatic sketch of SVM

（1）两类支持向量机

最优分类超平面示意图如图 4-16 所示。线性可分模式的最优超平面的详细推导过程[173-181]如下:

考虑训练样本 $\{x_i, y_i\}_{i=1}^N$,其中 x_i 是输入模式的第 i 个样本,且 $y_i \in \{-1, +1\}$。

设用于分离的超平面方程是:

$$\boldsymbol{\omega} \cdot x + b = 0 \tag{4-8}$$

其中,$\boldsymbol{\omega}$ 是可调的权值向量,b 是偏置,从其数学本质上讲,$\boldsymbol{\omega}$ 是超平面的法向量,b 是超平面的常数项。寻找最优的分类超平面,即寻找最优的 $\boldsymbol{\omega}$ 和

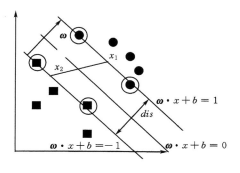

图 4-16　最优分类超平面示意图

图 4-16　最优分类超平面示意图

Figure 4-16　Diagrammatic sketch of the Optimal Separating Hyper plane

b。设最优的 $\boldsymbol{\omega}$ 和 b 值为 ω_0 和 b_0，则最优的分类超平面为：

$$\omega_0 \cdot x + b_0 = 0 \tag{4-9}$$

若得到上面的最优分类超平面，就可以用其对测试集合进行预测。设测试集合为 $\{t_i\}_{i=1}^{M}$，则用最优分类超平面预测出的测试集合的标签为：

$$t_i\_\text{label} = \text{sgn}(\omega_0 \cdot t_i + b_0) \tag{4-10}$$

支持向量是那些最靠近决策面的数据点，这样的数据点是最难分类的，因此，它们和决策面的最优位置直接相关。设满足下面条件的特殊数据点 (x_i, y_i) 称为支持向量：

$$\boldsymbol{\omega} \cdot x_i + b = -1, \ y_i = -1$$

$$\boldsymbol{\omega} \cdot x_i + b = 1, \ y_i = 1$$

设 x_1, x_2 分别为两类的支持向量（如图 4-16 所示）：

$$\boldsymbol{\omega} \cdot x_1 + b = 0$$

$$\boldsymbol{\omega} \cdot x_2 + b = 0$$

正反例的间隔为：

$$dis = \frac{\boldsymbol{\omega}}{\|\boldsymbol{\omega}\|} \cdot (x_1 - x_2) = \frac{2}{\|\boldsymbol{\omega}\|} \tag{4-11}$$

要使 $\dfrac{2}{\|\boldsymbol{\omega}\|}$ 最大化，即 $\|\boldsymbol{\omega}\|$ 最小化，亦即 $\dfrac{\|\boldsymbol{\omega}\|^2}{2}$ 最小化。

对于任意的 (x_i, y_i)，有 $\begin{cases} \boldsymbol{\omega} \cdot x_i + b \leqslant -1, \ y_i = -1 \\ \boldsymbol{\omega} \cdot x_i + b \geqslant 1, \ y_i = 1 \end{cases}$，结合起来，有

$$y_i(\boldsymbol{\omega} \cdot x_i + b) \geqslant 1 \qquad (4\text{-}12)$$

所以,寻找最优分类超平面即正反例间隔最大化问题,最终归结为一个二次最规划问题:

$$\begin{cases} \min\limits_{\boldsymbol{\omega}} \dfrac{\|\boldsymbol{\omega}\|^2}{2} \\ \text{s. t.}\quad y_i(\boldsymbol{\omega} \cdot x_i + b) \geqslant 1, \forall\, i = 1, 2, \cdots, n \end{cases} \qquad (4\text{-}13)$$

使用 Lagrange 乘子法可以解决上述问题。首先建立 Lagrange 函数:

$$J(\boldsymbol{\omega}, b, a) = \frac{1}{2}\boldsymbol{\omega}^{\mathrm{T}}\boldsymbol{\omega} - \sum_{i=1}^{n} a_i \big[y_i(\boldsymbol{\omega} \cdot x_i + b) - 1 \big] \qquad (4\text{-}14)$$

其中辅助非负变量 a_i 称为 Lagrange 乘子。对 $\boldsymbol{\omega}$ 和 b 求偏导并置零,有

$$\frac{\partial J}{\partial \boldsymbol{\omega}} = 0 \iff \boldsymbol{\omega} = \sum_{i=1}^{n} a_i y_i x_i \qquad (4\text{-}15)$$

$$\frac{\partial J}{\partial b} = 0 \iff \sum_{i=1}^{n} a_i y_i = 0 \qquad (4\text{-}16)$$

再整理 J 最终可以得到原问题的对偶问题:

$$\begin{cases} \max\limits_{a} Q(a) = J(\boldsymbol{\omega}, b, a) = \sum_{i=1}^{n} a_i - \frac{1}{2}\sum_{i=1}^{n}\sum_{j=1}^{n} a_i a_j y_i y_j x_i^{\mathrm{T}} x_j \\ \text{s. t.}\quad \sum_{i=1}^{n} a_i y_i = 0, a_i \geqslant 0 \end{cases} \qquad (4\text{-}17)$$

对偶问题完全是根据训练数据表达的,而且,函数 $Q(a)$ 的最大化仅依赖于输入模式点积的集合 $\{x_i^{\mathrm{T}}, x_j\}$,求解出求偶问题的最优解,设用 a_i^* 表示最优的 Lagrange 乘子,则此时原问题的最优解为:

$$\omega_0 = \sum_{i=1}^{n} a_i^* y_i x_i, \; b_0 = 1 - \omega_0 x^{(s)}, \; y^{(s)} = 1 \qquad (4\text{-}18)$$

最终得到相应的分类判别函数式:$\mathrm{sgn}\big(\sum\limits_{i=1}^{n} a_i^* y_i x_i x + b_0\big)$,其中 x 为测试集中的样本。

为了体现训练集被错分的情况,引入松弛变量 $\xi_i \geqslant 0$,则 $\sum\limits_{i=1}^{n}\xi_i$ 用来描述训练集被错分的程度。这样决策面的约束为:$y_i(\boldsymbol{\omega} \cdot x_i + b) \geqslant 1 - \xi_i$。

$$\begin{cases} \min \varphi(\boldsymbol{\omega}) = \dfrac{1}{2}\|\boldsymbol{\omega}\|^2 + C\sum_{i=1}^{n}\xi_i \\ \text{s. t.}\quad y_i\big[\boldsymbol{\omega} \cdot \varphi(x_i) + b\big] - 1 + \xi_i \geqslant 0, i = 1, 2, \cdots, n \\ \quad\quad\; \xi_i \geqslant 0, i = 1, 2, \cdots, n \end{cases} \qquad (4\text{-}19)$$

其中，C 为惩罚参数，$\varphi(x_i)$ 函数将 x_i 从 R^n 空间映射到高维特征空间。较小的 m_i 可以降低 ξ_i 的影响度，以使得相应的数据 x_i 重要性降低。

要解决这个最优化问题，首先建立 Lagrange 函数：

$$L(\boldsymbol{\omega},b,\xi,\alpha,\beta) = \frac{1}{2}\parallel\boldsymbol{\omega}\parallel^2 + C\sum_{i=1}^{n}\xi_i -$$

$$\sum_{i=1}^{n}\alpha_i[y_i(\boldsymbol{\omega}\cdot x_i + b)-1+\xi_i] - \sum_{i=1}^{n}\beta_i\xi_i \tag{4-20}$$

其中辅助非负变量 α_i 称为 Lagrange 乘子。对 $\boldsymbol{\omega}$ 和 b 求偏导并置零，有

$$\frac{\partial L}{\partial \boldsymbol{\omega}} = 0 \Leftrightarrow \boldsymbol{\omega} = \sum_{i=1}^{n}\alpha_i y_i x_i \tag{4-21}$$

$$\frac{\partial L}{\partial b} = 0 \Leftrightarrow \sum_{i=1}^{n}\alpha_i y_i = 0 \tag{4-22}$$

$$\frac{\partial L}{\partial \xi_i} = 0 \Leftrightarrow m_i C - \alpha_i - \beta_i = 0 \tag{4-23}$$

将上述三式代入式(4-17)，可以得到原问题的对偶问题：

$$\begin{cases} \max Q(a) = L(\boldsymbol{\omega},b,\xi,\alpha,\beta) = \sum_{i=1}^{n}\alpha_i - \frac{1}{2}\sum_{i=1}^{n}\sum_{j=1}^{n}\alpha_i\alpha_j y_i y_j K(x_i,x_j) \\ \text{s.t.} \sum_{i=1}^{n}\alpha_i y_i = 0, 0 \leqslant \alpha_i \leqslant m_i C, i=1,2,\cdots,n \end{cases} \tag{4-24}$$

将上式最优化，最终得到相应的分类判别函数式：$\text{sgn}[\sum_{i=1}^{n}\alpha_i^* y_i K(x_i,x_j) + b^*]$，其中 x 为测试集中的样本。

支持向量机中常用的核函数主要有四类，分别为线性、多项式、径向基和 Sigmoid 核函数，其公式如表 4-8 所示。

表 4-8　　　　　　　　　　　　SVM 常用核函数表
Table 4-8　　　　　　　　　　 Kernel functions of SVM

名称	核函数公式
线性核函数	$K(x,y)=(x\cdot y)$
多项式核函数	$K(x,y)=(x\cdot y+1)^d$
径向基核函数	$K(x,y)=\mathrm{e}^{-\frac{\parallel x-y\parallel^2}{2\sigma^2}},\sigma>0$
Sigmoid 核函数	$K(x,y)=S[a(x\cdot y)+t]^d$

（2）多类支持向量机

底板突水量分类定为 4 类,所以突水量预测是一个多类分类问题,但是传统的支持向量机方法在分类问题上只考虑了二值分类的问题,所以需要扩展 SVM 建立多类支持向量机(Multi-category Support Vector Machines,M-SVMs)。

目前,构造 SVM 多类分类器的方法主要有两类:一类是直接法,直接在目标函数上进行修改,将多个分类面的参数求解合并到一个最优化问题中,通过求解该最优化问题一次性实现多类分类。这种方法计算复杂度比较高,实现比较困难,只适用于小型问题中;另一类是间接法,主要是通过组合多个二分类器来实现多分类器的构造,常见的方法有一对多法(one-against-all)、一对一法(one-against-one)等。一对多法训练时依次把某个类别的样本归为一类,其他剩余的样本归为另一类。一对一法是在 k 个样本中分别选取 2 个不同类别构成一个 SVM 子分类器,相当于将多类问题转化为多个两类问题来求解。本书使用的是一对一法。

4.3.2　两种辅助方法

（1）参数选择方法

Vapnik 等人的研究表明,对于采用径向基核函数的 SVM,核函数参数 γ 和惩罚因子 C 是影响 SVM 性能的主要因素[182]。径向基核函数参数 γ 主要影响样本数据在高维特征空间中分布的复杂程度,而惩罚因子 C 的作用是在确定的特征空间中调整学习机的置信范围和经验风险的比例[183]。

SVM 预测准确率依赖于参数 C 和 γ 的最佳选择。目前国际上还没有形成一个统一的 SVM 参数选择模式,最优参数选择还只能是凭借经验、实验对比、大范围的搜寻或者利用软件包提供的交互检验功能进行寻优,但这些方法运算量非常大,花费时间长,特别是对大样本数据来讲是不切合实际的。

本书使用的数据量不大,采用的是“先粗后细”的参数搜寻方法。所谓“先粗后细”,就是先使用较大步长在全范围内搜索,对于搜索结果中出现较优的参数 C 和 γ 的区域,再使用较小步长细致搜索。这种方法虽然也属于穷举的方法,但是因为考虑突出重点,所以理论上花费时间比单纯的全局搜索要少一些。

对于核函数的选择,目前还没有很好的指导原则。此外,任何使用内积的线性分类器都可以通过使用核在高维空间中隐含地执行。

（2）交叉验证算法

数据集的划分通常带有主观性，如多少行数据作为训练集，多少行数据作为测试集，交叉验证算法避免了这种主观性的存在，可以将数据集随机划分为训练集和测试集。本书使用的交叉验证算法流程图如图 4-17 所示。

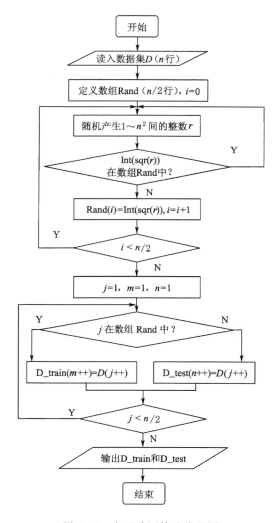

图 4-17　交叉验证算法流程图

Figure 4-17　Flow diagram of cross-validation algorithm

该交叉验证算法的基本流程为:首先读入数据集 D,D 有 n 行记录,定义数组 Rand 用来存放随机数;接着随机产生一个 $1\sim n^2$ 之间的整数 r,判断 Int(sqr(r)) 是否在数组 Rand 中,如果已经在 Rand 中,则重新生成随机数,如果不在 Rand 中,则将 Int(sqr(r)) 添加到数组 Rand 中,直至数组 Rand 中有 $n/2$ 个数;接着设置变量 j,如果 j 在 Rand 中,则将 $D(j)$ 放入训练集,如果 j 不在 Rand 中,则将 $D(j)$ 放入测试集,取下一个 j,直至将 $D(j)$ 中的所有数都放入训练集或测试集。

4.3.3　预测实例以及分析

(1) Iris 数据实验

对于 Iris 数据集,进行下面的实验:固定参数时,随机指定为 $C=2$,$\gamma=0.01$;在搜寻最优参数时,C 和 γ 都设定为 $[2^{-10},2^{10}]$。下面分别对于选用不同的标准化方法、是否优化参数选择进行实验,结果表明在进行参数优选的情况下,测试样本准确率均达到 98.275 9%。如表 4-9 所示。

表 4-9　　　　　　Iris 数据训练样本分类准确率表
Table 4-9　　　　　　Classification accuracy of Iris

项目	不对数据进行规范化		将数据规范化在[0,1]		将数据规范化在[−1,1]	
	优化参数	固定参数	优化参数	固定参数	优化参数	固定参数
Iris 训练样本分类准确率	89.384 7%	93.478 7%	78.839 4%	100%	88.839 4%	100%
Iris 测试样本分类准确率	72.333 0%	98.275 9%	87.761 3%	98.275 9%	91.582 7%	98.275 9%

需要说明的是,在第一种和第二种规范化的情况下搜寻到的最优参数均为 $C=1\ 024$,$\gamma=0.25$。此处 C 的取值是所设定的最大值,所起的作用表明重视离群点的程度,C 越大越重视,越不想丢掉它们。不同的 C 意味着对每个样本的重视程度不一样,有些样本丢了无所谓,就给一个比较小的 C;而有些样本很重要,决不能分类错误,就给一个很大的 C。

Iris 训练数据分类准确率随 C 和 γ 变化曲线图如图 4-18 所示。

突水预测预报决策支持系统关键技术研究

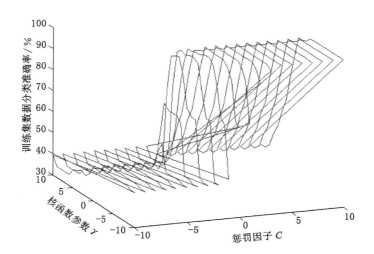

图 4-18 Iris 训练数据分类准确率随 C 和 γ 变化曲线图

Figure 4-18 Curve of accuracy by C and γ about Iris training data

（2）突水数据实验

对于突水数据集，进行下面的实验，固定参数时，随机指定为 $C=2$，$\gamma=0.01$；在搜寻最优参数时，C 和 γ 都设定为 $[2^{-10},2^{10}]$。下面分别对于选用不同的标准化方法、是否优化参数选择进行实验，结果表明在进行参数优选的情况下，使用"最小-最大标准化"方法，$C=1\ 024$，$\gamma=0.5$，测试样本准确率达到 85.714 3%，即得到期望的用于突水预测的 SVM 模型。如表 4-10 所示。

表 4-10　　　　　　　　突水数据训练样本分类准确率表

Table 4-10　　　　　Classification accuracy of water inrush data

项目	不对数据进行规范化		将数据规范化在[0,1]		将数据规范化在[−1,1]	
	固定参数	优化参数	固定参数	优化参数	固定参数	优化参数
突水数据训练样本分类准确率	57.142 8%	33.333 3% ($C=102\ 4$,$\gamma=0.015\ 625$)	28.571 4%	58.333 3 ($C=1\ 024$,$\gamma=0.5$)	71.425 8%	75% ($C=1\ 024$,$\gamma=0.000\ 976\ 563$)
突水数据测试样本分类准确率	42.857 1%	14.285 7%	14.285 7%	85.714 3%	28.571 4%	42.857 1%

突水训练数据分类准确率随 C 和 γ 变化曲线图如图 4-19 所示。

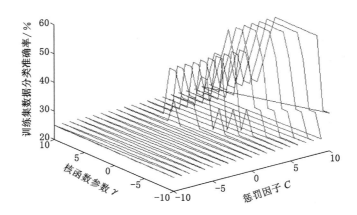

图 4-19　突水训练数据分类准确率随 C 和 γ 变化曲线图

Figure 4-19　Curve of accuracy by C and γ

about water inrush training data

　　对于上述两个数据集,搜寻最优 C 和 γ,采用"先粗后细"的方法,但是效果不明显,即开始设置步长为 1,找到最优 C 和 γ 后,对附近区域再搜索,设置步长为 0.1,但是找到的最优 C 和 γ 没有变化。

4.4　本章小结

　　本章研究的是突水预测预报技术,共采用三种方法。

　　第一种为平行坐标法,这是一种可视化数据挖掘的方法。通过绘制平行坐标图,可以观察到聚类的规律,也可以反过来根据聚类的结果观察灵敏属性的存在。

　　第二种方法为自适应的模糊神经网络方法。在深入研究模糊自适应神经网络的结构以及学习算法的基础上,设计实现了预测底板突水量的 ANFIS 模型,并对数据预处理以及隶属函数的选择进行了比较分析,通过训练数据检验,证明预测效果较好。

　　第三种方法为支持向量机方法。在深入研究支持向量机的基础理论的基础上,分别对于 UCI 的 Iris 数据集和突水量分类的数据集进行实验,使用交叉验证算法对数据集进行划分,并使用"先粗后细"的搜索方法搜寻较好的参数 C 和 γ。

5 基于本体的突水预测预报知识库建模

5.1 知识表示

知识的表示,是知识库建模的首要问题。知识表示是对知识的一种计算机能够理解、能够处理的描述,可视为数据结构及其处理机制的综合,即知识表示等于数据结构加上处理机制。知识表示是完成对专家的知识进行计算机处理的一系列技术手段。常见的有产生式规则、语义网、框架法等[184-185]。

传统的知识管理方法往往只是从语法上对知识进行描述,并不对其意义进行描述,常采用基于关键字的检索方法,查全率和查准率都较低。本体提供了知识相关的概念及其关系描述,因此可以对具体知识进行标注,形成含有丰富语义信息的知识库,进而可以利用这些语义信息进行检索或提供更高层的知识服务。由于基于本体的知识管理具有语义层、自动化、支持推理等优点,不仅可以清晰地描述领域知识库中的概念及其关系,还可以实现领域知识的共享和重用,十分有利于领域知识库的管理和维护,大大深化了知识管理的内涵,促进了知识的共享和复用[186]。

5.1.1 本体

（1）本体的定义

在哲学领域,本体是有关存在的一种古老的学说。20 世纪 90 年代,人工智能界给予了本体（Ontology）新的定义。随着人们研究的深入,Ontology 的定义也在发生着不断的变化,有代表性的本体的定义发展情况如图 5-1 所示。

从图 5-1 中可以看出,Neches 的定义还有些难于理解；Gruber 的定义、Borst 定义和 Studer 定义则已经达成一定的共识,即本体是客观世界抽象得到的概念模型,Borst 扩展了本体的共享的特色,以及本体能被计算机处理的形式化说明的理论基础,而 Studer 再次强调形式化说明是明确的、无歧义的。

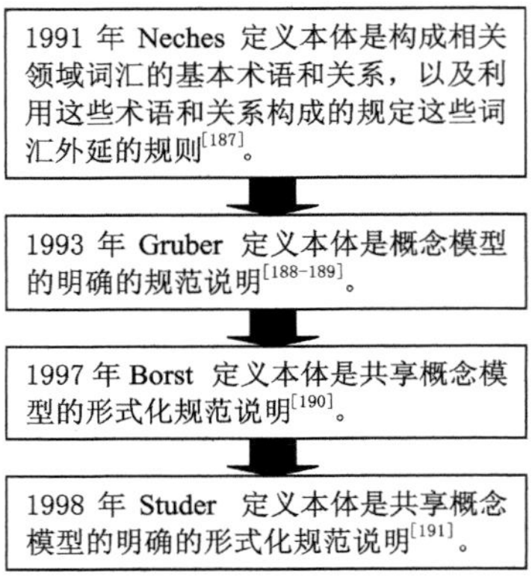

1991 年 Neches 定义本体是构成相关领域词汇的基本术语和关系，以及利用这些术语和关系构成的规定这些词汇外延的规则[187]。

1993 年 Gruber 定义本体是概念模型的明确的规范说明[188-189]。

1997 年 Borst 定义本体是共享概念模型的形式化规范说明[190]。

1998 年 Studer 定义本体是共享概念模型的明确的形式化规范说明[191]。

图 5-1　Ontology 的定义的发展图

Figure 5-1　Development of the definition of ontology

简单地说，本体就是概念和概念之间的联系，就是描述知识或者数据的一种方法。最常见的本体是字典，还有图书馆的分类目录，公司的组织结构图，都可以看作是本体。在计算机领域中，本体作为知识表示的一种方式，是人与人、人与计算机、计算机与计算机之间进行交流需要达成的共识，也就是概念的形式化。本体的三元组形式化定义[192]：

$$KO = \{ <KA>, <R>, <Rule> \} \tag{5-1}$$

$$KA = \{ a_i \mid 1 \leqslant i \leqslant n, a_i \notin \Phi, a_i \in \Omega \} \tag{5-2}$$

$$R = \{ r_{ij}(a_i, a_j) \lor r_{kl}(m_k, m_l) \mid 1 \leqslant i, j, k, l \leqslant n, r \notin \Phi \} \tag{5-3}$$

$$m = \{ \sum a_i a_j \lor \prod a_i a_j \mid 1 \leqslant i, j \leqslant n, a_i, a_j \notin \Phi; a_i, a_j \in \Omega \} \tag{5-4}$$

$$Rule = \{ rule_p(r_{ij} \rightarrow r_{kl}) \mid 1 \leqslant i, j, k, l \leqslant n, r \notin \Phi, 1 \leqslant p \leqslant q \} \tag{5-5}$$

其中，KO 为本体；KA 为知识原子的集合；R 表示知识原子之间以及由知识原子构成的知识实体之间存在的相互作用和影响的集合；Ω 表示某知识域；Φ 表示空；a_i 表示某知识域 Ω 中的知识原子可以是概念、关系等；m 表示由知识原子实例化产生的知识实体；$r_{ij}(a_i, a_j)$ 表示知识原子之间的关系，$r_{kl}(m_k, m_l)$ 表示知识实体之间的关系；$Rule$ 表示规则集，包括知识原子之间的关系或知识实体之间的关系组合生成的规则。

（2）本体的构成

本体中的四个主要元素是：概念（Concepts）、关系（Relations）、实例

(Instances)和公理(Axioms)。

概念,表示某个领域中一类实体或事物的集合。通常概念可以分成两大类,一类是简单概念(Primitive concepts),如岩层;另一类是定义的概念(Defined concepts),如含水层。含水层是一种具有空隙、裂隙或溶洞并含有地下水的岩层,含水层的概念是通过简单概念岩层来定义的。

关系,描述概念和概念的属性的交互。关系也可以分为两大类:一种是树状分类学关系,另一种是联合关系。分类学将概念组织成子类/超类状的概念树结构,最常见的分类学关系是:专门化关系(Specialization relationships),通常被认为是归属关系,如石灰岩是沉积岩;部分关系(Partitive relationships),描述一个概念的部分是另一个概念。联合关系是指树状结构概念之间的横向关系。

实例,是概念表示的具体的事物,如淮南谢一矿33采区底板突水事故是概念"突水事故"的一个实例。一个本体与相关的实例的组合就是通常所说的知识库。然而判断一个东西是否是某个概念的实例实际上是很困难的,通常它依赖于具体的应用。

公理,用来限制类和实例的取值范围,公理中包括许多具体的规则和约束。

如上所述,本体与面向对象程序设计理论有相似的地方,它们都有概念、实例以及关系,不过这两者本质是不同的。本体是某领域共享的静态概念模型的描述,用领域内公认的术语集和这些术语之间的关系来反映该领域内的知识,不包括动态的行为。而面向对象是一种软件开发方法,其主要思想是使用对象、类、实例化、继承、封装、消息和多态等基本概念来设计程序,在面向对象程序设计理论中,对象不仅包括描述对象特征的属性,还包括描述对象特征(行为)的方法以及对象能够响应的事件,方法和事件都是动态的概念。

（3）本体的描述语言

本体描述语言帮助用户为领域模型编写清晰的、形式化的概念描述,和Web相关的有 RDF 和 RDF-S、OIL、DAML、OWL、SHOE、XOL。其中 RDF 和 RDF-S、OIL、DAML、OWL、XOL 之间有着密切的联系,是 W3C(互联网组织,The World Wide Web Consortium)的本体语言栈中的不同层次,也都是基于 XML 的。W3C 主要通过发展各种 WWW 协议来领导 Web,比如

HTML、CSS、XML、RDF、OWL 都是由 W3C 制定的。制定网络规范就是 W3C 最重要的工作。

严格地说,XML 不算是本体的描述语言,不过,它却是本体描述中不可或缺的部分。本体描述语言功能简述如表 5-1 所示。

表 5-1　　　　　　　　　　本体描述语言功能简表

Table 5-1　　　　　　　Function of ontology description languages

名称	描　　述
XML	结构化文档的表层语法,应用广泛,对文档没有任何语义约束
XML Schema	定义 XML 文档结构约束的语言
RDF	对象(或者资源)以及它们之间关系的数据模型,为数据模型提供了简单的语义,这些数据模型能够用 XML 语法进行表达
RDF Schema	描述 RDF 资源的属性和类型的词汇表,提供了对这些属性和类型的普遍层次的语义
OWL	添加了更多的用于描述属性和类型的词汇,例如类型之间的不相交性(disjointness),基数(cardinality),等价性,属性的更丰富的类型,属性特征〔例如对称性(symmetry)〕,以及枚举类型(enumerated classes)

（4）本体编辑工具

本体编辑工具就是知识工程师和领域专家用来创建、检查、浏览、编码、修改和维护本体的编辑器,图形化的界面可以方便专家对本体进行编辑。根据编辑工具所支持的本体描述语言的情况,可以分为两类[193]:第一类本体编辑工具基于特定描述语言,包括 Ontolingua[194]、OntoSaurus[195] 和 WebOnto[196] 等;第二类本体编辑工具包括 Protégé、WebODE、OntoEdit、OilEd 和 PROMPT 等,这几种工具的特点是支持多种 W3C 的标准本体描述语言,如 XML、RDF(S)、DAML＋OIL 等。

这些工具中,Protégé 应用最为广泛,它是斯坦福大学医学院开发的免费、开源的 Ontology 编辑器,使用 Java 和 Open Source 作为操作平台,可用于编制实用分类系统和知识库,有可自行设置的数据输入格式,能够输入数据,也可插入插件来扩展一些特殊的功能,如提问、XML 转换等,输出格式有文本、HTML、JDBC、RDF Schema 及 XML Schema。使用 OWL 插件,就可以输出所构建的 Ontology 的 OWL 文件。Protégé 的优势在于有一个友好的可视化界面,其底层的处理标记的功能还是由 Jena 来实现的。Protégé 还提供链接推理机的功能，以检查概念的一致性。对于构建约束的图标集，每一个图标都与 OWL 元素以及描述逻辑语法相对应，如表 5-2 所示。

表 5-2　　　　　　　Protégé 的图标与描述逻辑语法的对应表
Table 5-2　　　　Comparison of icons in Protégé and DL semantics

Protégé	OWL element	DL Syntax	Semantics
?	owl:complementOf	$\neg C$	$\Delta^I - C^I$
$\cap$	owl:intesectionOf	$C \cap D$	$C^I \cap D^I$
$\cup$	owl:unionOf	$C \cup D$	$C^I \cup D^I$
$\exists$	owl:someValuesFrom	$\exists R.C$	$\{x \in \Delta^I \mid (d,e) \in R^I \text{ and } e \in C^I\}$
$\forall$	owl:allValuesFrom	$\forall R.C$	$\{x \in \Delta^I \mid (d,e) \in R^I \rightarrow e \in C^I\}$
$\ni$	owl:hasValue	$\exists R.\{x\}$	$\{y \mid (y,x^I) \in R^I\}$
$=$	owl:cardinality	$=nR$	$\{x \mid \# \{y \mid (x,y) \in R^I\} = n\}$
$\leqslant$	owl:maxCardinality	$\leqslant nR$	$\{x \mid \# \{y \mid (x,y) \in R^I\} \leqslant n\}$
$\geqslant$	owl:minCardinality	$\geqslant nR$	$\{x \mid \# \{y \mid (x,y) \in R^I\} \geqslant n\}$
$\{\}$	owl:oneOf	$\{x_1, x_2, \cdots, x_n\}$	$\{x_1^I, x_2^I, \cdots, x_n^I\}$

　　Protégé 有着良好的扩展性，可以构建插件，实现功能的扩展。插件可以被用来改变和扩展 Protégé 的功能，而 Protégé 本身就被写作是插件的集合，这些插件可以被简单地替换，或者整个地改变 Protégé 的功能和界面。为了要访问 Protégé 的知识库，外部应用程序可以直接使用 Protégé 的应用程序编程接口，可以在不运行 Protégé 程序的情况下，直接使用 Protégé 模型。

5.1.2　描述逻辑

　　描述逻辑（Description Logic）[197]和本体有着密切的关系，可以说描述逻辑就是本体可以形式化表达的基础。描述逻辑由三部分组成：TBox、ABox 和推理。TBox 用于描述概念以及概念间的关系，ABox 用于描述实例个体所属类别的判断和实例个体间关系的判断，推理分为 TBox 上的推理和 ABox 上的推理。

　　描述逻辑的语义表达能力由构造子决定，ALC 语言是最基本的描述逻辑描述语言，仅包含 5 个构造子，有合取 $\cap$、析取 $\cup$、否定 $\neg$、存在性限定和值限定。增加构造子传递性关系 R 就构成 S 语言，再增加 S 的逆关系 R⁻ 就构成 SI 语言，若在 S 的基础上增加关系包含公理就构成 SH 语言，如果 R⁻ 和包含

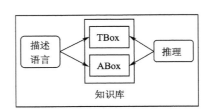

图 5-2　描述逻辑组成图

Figure 5-2　Composition diagram of description logic

公理都有的话就构成 SHI 语言,SHI 的基础上再增加构造子数量限定就构成 SHIN,SHI 的基础上再增加构造子受限数量限定就构成 SHIQ,SHI 的基础上再增加构造子函数性约束就构成 SHIF,SHIN、SHIQ 的基础上再增加枚举构造子就构成 SHOIN 和 SHOIQ,再增加具体域就得到语义表达能力更强的 SHIF(D)、SHOIN(D) 和 SHOQ(D)。本体描述的常用语言 OWL-Lite 的逻辑基础就是 SHIF。

概念的语义定义公式如下:

$$T^I = \Delta^I \qquad (5\text{-}6)$$

$$\perp^I = \Phi \qquad (5\text{-}7)$$

$$(\neg A)^I = \Delta^I \backslash A^I \qquad (5\text{-}8)$$

$$(C \cap D)^I = C^I \cap D^I \qquad (5\text{-}9)$$

$$(\forall R.C)^I = \{a \in \Delta^I \mid \forall b.(a,b) \in R^I \rightarrow b \in C^I\} \qquad (5\text{-}10)$$

$$(\exists R.T)^I = \{a \in \Delta^I \mid \exists b.(a,b) \in R^I\} \qquad (5\text{-}11)$$

例如,在 SHIN 下,$Cavernwater \cap (\geqslant 2 hasHydrostatic \; Pressure)$ 表示突水水源为静水水压大于 2 MPa 的岩溶水。

5.2　基于本体的突水预测预报知识库建模

5.2.1　知识库系统结构

基于本体的突水预测预报知识库可以分为三个部分:突水本体库、突水规则库和突水案例库。

本体库用来存放突水预测预报领域内的抽象的本体类型,包括类、关系、属性的定义。规则库存放的是用于知识库系统推理的条件规则,即以规则形式表示的知识,本书提出了一种模糊规则的概念。本体库、规则库和突水案例库都单独存放,并通过一定的关系链接起来。通过该机制表示的知识,可以较大程度地实现知识的共享和重用。突水预测预报知识库系统结构如图5-3所示。

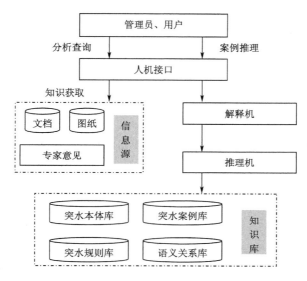

图 5-3 突水预测预报知识库系统结构图

Figure 5-3 System construction drawing of water
inrush forecasting knowledge base

在突水预测预报知识库系统结构中,知识库以规则的形式存放专家经验和问题解决方法,为知识的规则推理提供依据;推理机是用来控制整个认知系统的推理策略,它根据产生式规则,按正向、反向等策略进行推理;解释机用来解释推理机得到的结论,包括推理的缘由、过程等,以增加系统的可信度。

知识获取是进行问题求解的专家领域知识,从领域专家或其他各种知识源转换到决策支持系统知识库中的一个重要过程。

知识获取分主动式和被动式两大类。被动式知识获取是目前最常用的知识获取方法,即通过具有一定知识编辑能力的知识编辑器获取知识,把知识传授给知识处理系统,所以亦称知识的间接获取[198]。本书采用 Protégé 构建的基于本体的突水预测预报知识库,属于被动式知识获取。

主动式知识获取也称为自动知识获取,是知识处理系统根据领域专家给出的数据与资料,利用诸如归纳程序之类软件工具直接自动获取或产生知识,并装入知识库中,所以也称知识的直接获取。这是最高级的知识获取方法,又称机器学习,或者称为知识发现。本书第 4 章的研究就属于这个范畴,常用方法有神经网络、支持向量机、遗传算法等。随着机器学习研究的日益深入和大量学习算法的出现,机器学习正成为专家系统自动获取知识的强有力工具。

突水预测预报知识库系统结构图(见图 5-3)中的案例推理将在 5.3 节详细介绍。

5.2.2 突水本体库构建

构建领域本体的准备工作包括确定知识的范围,确定领域中重要的术语、概念,以及明确概念之间的关系。

在领域本体创建的初始阶段,需要列举出系统想要陈述的或要向用户解释的所有概念。对于煤矿底板突水,概念有底板下伏含水层承压水的水压、静水压力、动水压力、底板岩性组合、底板隔水层的各层岩性、底板隔水层各层厚度、底板隔水层损伤度、地质构造、断裂构造、岩溶陷落柱、裂隙、矿山压力、顶板岩体结构、开采深度、工作面支护方式、煤层开采方法、工作面控顶距、工作面围岩、石灰岩岩溶含水层富水性、灰岩岩溶的发育程度、奥陶纪灰岩厚度、工作面开采空间、工作面倾斜长度、采厚。

准备工作中产生了领域中大量的概念,接下来需要按照领域知识的逻辑规则把这些还没有组织体系结构的词汇表组织起来,对于与领域不相关的概念、重复的概念要进行过滤和清除,添加遗漏的概念,修正含义不清楚的概念、混淆的概念,准确而精简地表达出领域的知识,形成领域知识的框架体系,是构建本体的不容忽视的基础工作。表 5-3 是对于煤矿底板突水预测预报本体的框架。

根据前面准备工作中定义的概念和术语,可以选择定义类,大部分剩下的概念成为这些类的属性。

(1)定义类。突水预测预报知识库涉及的概念很多,首先需要确定突水领域本体的概念类,包括水、岩石、矿物、突水通道等概念;除此之外还要确定这些概念的层次结构,即确定子类与父类,所描述的概念是"kind-of"或"is-a"关系。图 5-4 是定义的本体中有关水的部分,图 5-5 为相应的本体可视化图。

表 5-3　　　　　　　　底板突水预测预报本体的框架
Table 5-3　　Structure of water inrush forecasting ontology

1. 底板下伏含水层承压水的水压	1.1　静水压力	(1) 导升作用	
		(2) 楔劈扩大裂隙作用	
		(3) 底板上鼓作用	
		(4) 采场周边附近的剪切破坏作用、主动顶托力	
		(5) 静水压力大小	
		(6) 水对围岩的软化降强作用	
	1.2　动水压力	(1) 冲刷扩裂和搬运充填或破碎物的作用	
		(2) 动量的作用	
		(3) "负压"和"水锤"效应	
2. 底板岩性组合	2.1　底板隔水层的各层岩性		
	2.2　底板隔水层各层厚度		
	2.3　底板隔水层损伤度		
3. 地质构造	3.1　断裂构造	断层类型	正
			逆
		断层长度(落差)5 m,10 m,20 m	
		断层倾角 70°	
		高/低围压	
		三个主应力:自重应力,水平应力,张扭性断裂	
		煤层开采方向与断裂方向的关系	
	3.2　岩溶陷落柱		
	3.3　裂隙	3.3.1　张开度	
		3.3.2　发育度	
		3.3.3　裂隙粗糙度	
		3.3.4　裂隙有无填充物	
4. 矿山压力	4.1　顶板岩体结构	砂灰岩	
		粉泥岩	
	4.2　开采深度	<50 m,50~150 m,>150 m	
	4.3　工作面支护方式		
	4.4　煤层开采方法		
	4.5　工作面控顶距		
	4.6　工作面围岩		

突水预测预报决策支持系统关键技术研究

续表 5-3

5. 石灰岩岩溶含水 层富水性	5.1	灰岩岩溶的发育程度
	5.2	奥陶纪灰岩厚度(最大可达到 700 m 左右)
6. 工作面开采空间	6.1	工作面倾斜长度
	6.2	采厚

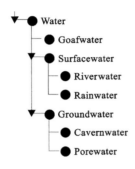

图 5-4　类的层次结构图

Figure 5-4　Hierarchical chart of classes

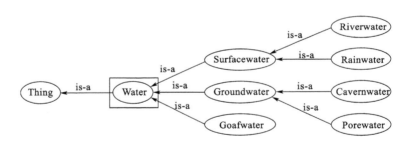

图 5-5　本体的可视化图

Figure 5-5　Visualization of ontology

（2）定义类的属性。除了定义类外,还必须描绘概念的属性。属性其实也是一种形式的关系,它分为对象属性和数据属性两类,例如"water"类有"hasPressue"属性。属性也可以设置层次关系,如图 5-6 所示,属性"hasHydrodynamicPressure"和属性"hasHydrostaticPressure"是属性"hasPressure"的子属性。属性值既可以是一个数值也可以是一个类,图 5-7为相应的 OWL 语言描述。

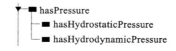

图 5-6　属性的层次结构图

Figure 5-6　Hierarchical charts of properties

```
<SubObjectPropertyOf>
    <ObjectProperty IRI="#hasHydrodynamicPressure"/>
    <ObjectProperty IRI="#hasPressure"/>
</SubObjectPropertyOf>
<SubObjectPropertyOf>
    <ObjectProperty IRI="#hasHydrostaticPressure"/>
    <ObjectProperty IRI="#hasPressure"/>
</SubObjectPropertyOf>
```

图 5-7　OWL 语言描述示例

Figure 5-7　Example of OWL description

（3）创建实例。创建概念类中的个体实例,选择概念类并创建该概念类的实例。

Protégé 提供了 ODBC(Open Database Connect)和 JDBC(Java Database Connect)接口,可以把构建的本体内容存储在关系型数据库中。Protégé 通过转换(Convert Project to Format)把本体保存到 OWL 数据库中,自动创建数据库中的数据表 Protégé。由于具有这一方面的优势,可以进一步探讨关于 Protégé 本体的批量构建。数据库中由 Protégé 创建的数据表结构是透明于用户的,从表结构可以分析出 Protégé 中的类、属性、关系、个体、框架等内容的存储位置,把现有的本体通过与表结构的映射关系,批量地保存到数据库中,再从数据库导入到 Protégé 中,由此实现批量的导入。

5.2.3　突水规则库构建

规则库是知识库的重要组成部分,通常表示成"如果……那么……"的句式。规则的获取可以来自专家经验,这种获取规则的方式主要通过问卷调查、座谈等方式进行,属于比较原始的方式;规则的另外一个获取方式就是机器学习,即通过神经网络、遗传算法、支持向量机等机器学习方法自动获取知识。本书第 4 章的三种方法都算是这个范畴。

很多规则都有模糊性,例如本书通过平行坐标图的绘制产生的规则"如果断层断距较大那么突水量较大",这个规则是有一个隶属度的,并不是断层断距大突水量一定大。

基于模糊性的考虑,提出模糊规则的概念,形式化定义如下:

$$Rule = \{(rule_p(r_{ij} \rightarrow r_{kl}), \delta_p) \mid 1 \leqslant i, j, k, l \leqslant n, r \notin \Phi, 1 \leqslant p \leqslant q\} \quad (5\text{-}12)$$

其中,δ_p 表示规则 $rule_p$ 的隶属度,其取值的确定可以由领域专家给出,也可以进行统计分析计算:

$$\delta_p = \frac{\sum(rule_p = true)}{\sum(rule_p = true) + \sum(rule_p = false)} \quad (5\text{-}13)$$

5.3　案例推理

5.3.1　案例推理概述

案例推理(Case-Based Reasoning,CBR)的研究开始于 1982 年 Schank 的著作 *Dynamic Memory*[199],是一种类比推理方法,考虑到客观世界的规整性和重现性,从已知到未知,对于面临的新问题,即目标案例(Target Case),通过查询比对找出与之近似的过去发生的案例,即源案例(Base Case),利用源案例的成功或者失败的经验来求解目标案例问题,这种方法是对人类的推理和学习机制的探索。

CBR 一般包括 4 个过程,概括为"4R"[200],即检索(Retrieve)、复用(Reuse)、修正(Revise)、学习(Retain)。其中首要的工作就是从案例库中找出合适的可参照的源案例,所以源案例与目标案例的相似性如何计算是案例推理的关键环节。

相似性度量函数有:

(1) Tversky 函数。对于属性是二进制的领域,A^n 和 A^k 是案例 n 和 k 的属性全集,T 表示案例 n 和 k 之间的相似度。

$$T = \frac{A^n \bigcap A^k}{(A^n \bigcup A^k) - (A^n \bigcap A^k)} \quad (5\text{-}14)$$

(2) 改进的 Tversky 函数。T 表示案例 n 和 k 之间的相似度,$w(n,i)$ 和 $w(k,i)$ 分别表示第 i 属性在案例 n 和 k 中的权值,V^i_{nk} 表示案例 n 和 k 中第 i 个属性的相似度。

$$T = \frac{\sum\limits_{i=1}^{m} w(n,i)w(k,i)V_{nk}^{i}}{\sum\limits_{i=1}^{m}\left[w(n,i)\right]^{2}\sum\limits_{i=1}^{m}\left[w(k,i)\right]^{2}} \tag{5-15}$$

（3）最近邻算法。通过计算两个案例 X 和 Y 在特征空间中的距离来获得两案例间的相似性。设案例 $X = \{X_1, X_2, \cdots, X_n\}$，$X_i (1 \leqslant i \leqslant n)$ 是案例 X 的 n 维特征空间 D 上的一个属性分量，W_i 为权重，则案例 X 和 Y 的距离，即相似性为：

$$DIST(X,Y) = \left[\sum_{i=1}^{n} W_i D(X_i, Y_i)^r\right]^{\frac{1}{r}} \tag{5-16}$$

当 $r = 2$ 时，$DIST(X,Y)$ 为欧拉距离；当 $r = 1$ 时，$DIST(X,Y)$ 为 Hamming 距离。

（4）多参数相似性计算。考虑多个影响因素，Contsim 表示两个案例的上下文相似性，Addrsim 表示两个案例的地址文相似性，Attrsim 表示两个案例的属性相似性，α、β、γ 是为不同影响因素指定的权值。

$$S(X,Y) = \frac{\alpha \cdot Attrsim(X,Y) + \beta \cdot Addrsim(X,Y) + \gamma \cdot Contsim(X,Y)}{\alpha + \beta + \gamma} \tag{5-17}$$

（5）Weber 算法。基于对比模型的方法，α、β、γ 是权值，f 是某个算符或某个计算相似性的算法。

$$S(X,Y) = \alpha \cdot f(X \cap Y) - \beta \cdot f(X - Y) - \gamma \cdot f(Y - X) \tag{5-18}$$

5.3.2　应用案例推理决策突水处理方案

本书建立的事故案例库中，突水事故案例包含的属性有突水发生时间、水源类型、通道类型、水压以及最大突水量，同时还存储了事故的排水方案、救人方案以及封堵方案信息。对于突水的目标案例，可以通过检索事故案例库中的相似案例，找寻最佳处理方案。

应用案例推理决策突水处理方案的程序流程如图 5-8 所示。首先读入目标案例，接着检索源案例库，读入一条源案例，考虑到通常来说只有突水水源类型和突水通道类型一致的案例，突水处理方案才值得借鉴，所以应判断读入的源案例和目标案例的突水水源类型和突水通道类型是否一致，如果一致，对于水压以及最大突水量属性应用最近邻算法计算相似性，如果不一致，相似性置为 0，接着再读取下一条源案例，重复上面的判断和计算，当案例库中所有的源案例都比较计算结束后,将源案例按照相似性降序排序,排在前面的源案例与目标案例相似性较高,则源案例的突水处理方案的参考价值越高。

这里在计算相似性之前,需要进行数据标准化,本书 4.1 节已做详细介绍。

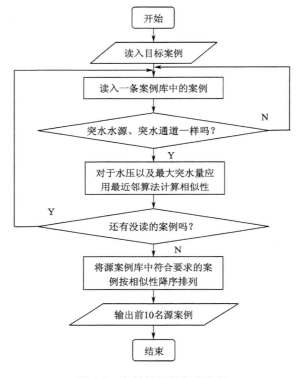

图 5-8　案例推理程序流程图

Figure 5-8　Program flow chart of CBR

5.4　本章小结

本章在对本体的定义、描述语言以及构造工具研究的基础上,使用 Protégé 工具构建了煤矿突水预测预报知识库,包括煤矿突水案例库和煤矿突水机理库,并研究了基于知识库的案例推理过程。

6　突水预测预报决策支持系统设计与实现

在前面研究的基础上,本章结合兖州煤业股份有限公司东滩煤矿矿井第一勘探区突水预测预报的工作实际,按照软件工程的思想设计煤矿突水决策支持系统,主要包括开发过程、运作过程、维护过程,覆盖了需求、设计、实现、确认以及维护等活动。

6.1　概要设计

建立整个软件系统结构,是概要设计的主要任务。突水预测预报决策支持系统体系结构图如图 6-1 所示。

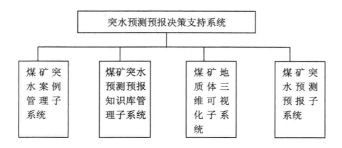

图 6-1　突水预测预报决策支持系统体系结构图

Figure 6-1　Architecture diagram of water inrush forecasting DSS

（1）煤矿突水案例管理子系统

煤矿突水案例管理子系统完成对于突水典型案例的查询、添加、修改、删除功能。

（2）煤矿突水预测预报知识库管理子系统

煤矿突水预测预报知识库管理子系统完成对于使用 Protégé 编辑的知识

本体的查看、导入关系数据库功能。

（3）煤矿地质体三维可视化子系统

煤矿地质体三维可视化子系统完成对于含水层分布、断层分布、隔水层岩性组合的可视化。

（4）煤矿突水预测预报子系统

煤矿底板突水预测预报子系统的预测功能分成两种实现方式，一种是应用 ANFIS 模型的底板突水量预测，一种是应用 SVM 模型的底板突水量预测。

6.2　详细设计

详细设计阶段主要是各个子系统中的算法的设计，包括提取 DXF 文件数据算法、TIN 三角网剖分算法、平行坐标绘制算法、基于 BP 的 ANFIS 构建算法、支持向量机中 C 和 γ 的选择算法、交叉验证算法、案例推理算法等。

6.3　系统实现

在概要设计和详细设计的基础上，使用 Matlab 7.1 作为程序开发环境，实现了突水预测预报决策支持系统软件的部分功能，系统流程图如图 6-2 所示。

进入系统，首先是登录界面（如图 6-3 所示），需要输入数据库中已经保存的用户名和密码，选择角色"系统管理员"或"用户"，这两种角色的权限有所不同，在预测预报子系统中，用户只能使用预测模型，不能训练模型，而系统管理员既可以训练模型也可以使用模型进行预测。

登录成功后，即进入突水预测预报决策支持系统的主界面（如图 6-4 所示），四个子系统作为菜单项显示在界面上方。

选择进入突水案例管理子系统的界面（如图 6-5 所示），提供查看、添加、修改以及删除案例功能。

根据登录时选择的角色的不同，"用户"看到的突水预测预报子系统界面如图 6-6 所示，训练预测模型的功能是不能使用的；如果登录角色是"系统管理员"，看到的界面如图 6-7 所示。

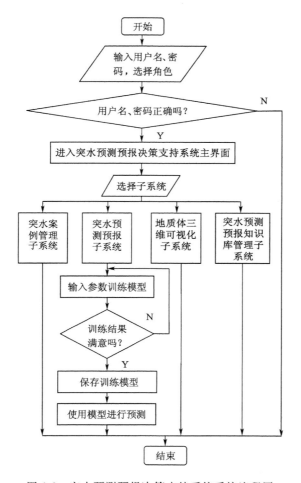

图 6-2 突水预测预报决策支持系统系统流程图

Figure 6-2 System flowchart of water inrush forecasting DSS

图 6-3 登录界面

Figure 6-3 Interface of login

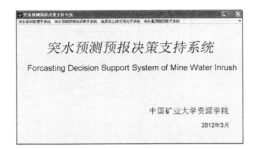

图 6-4 主界面

Figure 6-4 Main interface

图 6-5 突水事故案例管理界面

Figure 6-5 Interface of water inrush cases management

图 6-6 突水预测预报子系统界面(1)

Figure 6-6 Interface of water inrush forecasting subsystem(1)

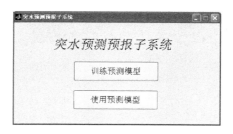

图 6-7　突水预测预报子系统界面(2)

Figure 6-7　Interface of water inrush forecasting subsystem(2)

使用预测模型界面如图 6-8 所示,输入相关属性后,可以选择"ANFIS 模型预测"或者"SVM 模型预测",这两种预测模型均是使用"系统管理员"角度保存的模型,最大突水量预测结果显示在界面下方。

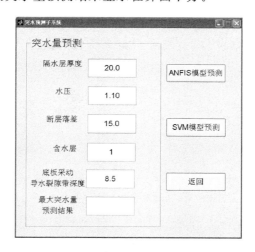

图 6-8　使用预测模型界面

Figure 6-8　Interface of using forecasting model

"系统管理员"还可以选择进入训练 ANFIS 模型界面,如图 6-9 所示。SVM 模型相对固定,参数选择自动完成,所以没有设置训练 SVM 模型的功能。按照要求选择、输入相关参数后,可以进行模型训练,训练结果如图 6-10 所示,有"训练误差"和"测试误差"两个结果供管理员参考。如果得到满意的结果,管理员可以选择保存模型,用户就可以使用这个模型进行预测了;如果对于得到的训练结果不满意,管理员可以选择放弃模型,即不做保存,可以再次进入参数设置界面重新选择。

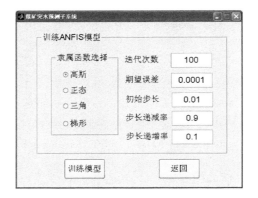

图 6-9　训练预测模型界面

Figure 6-9　Interface of training forecasting model

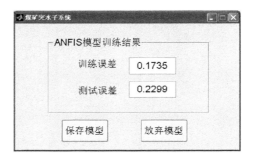

图 6-10　训练预测模型结果界面

Figure 6-10　Interface of result of training forecasting model

6.4　工程应用实例

6.4.1　研究区概况

　　兖州煤业股份有限公司东滩煤矿于 1989 年 12 月 23 日正式投产。矿井设计生产能力 400 万 t/a,服务年限 81 年。经矿井生产技术改造,2006 年矿井核定生产能力 750 万 t/a。开拓方式为立井多水平,第一水平－660 m(开采上组煤),第二水平－745 m(开采下组煤)。第一水平厚煤层采用综合机械化放顶煤采煤方法后,随着矿井生产能力的提高,上组煤可利用储量加速减少,开采下组煤势在必行。下组煤因埋深大,底板十四灰水及奥灰水对开采下组煤层构成巨大潜在威胁。

6.4.2　研究区水文地质概况

井田对生产有影响的主要含水层自上而下为:第四系砂砾层含水层,侏罗系上统蒙阴组砂岩含水层,山西组砂岩含水层,石炭系薄层灰岩含水层,奥陶系灰岩含水层。

井田隔水层组较多,各主要含水层及含水段之间均有隔水层存在。主要隔水层有第四系中组隔水层组,石盒子组隔水层组,太原组三灰至十下灰之间的泥岩、铝质泥岩、页岩隔水层组,17煤至十四灰泥岩、铝质泥岩隔水层组,十四灰至奥灰铝土岩、泥岩隔水层组。

东滩煤矿 1979 年 12 月 1 日破土动工,1980 年 6 月井筒开始涌水,至 1989 年 12 月正式投产,矿井最大涌水量 255.5 m³/h(1986 年),平均 108.55 m³/h。1990~2009 年矿井年平均涌水量 127.85~270.62 m³/h,多年总平均涌水量 170.25 m³/h,最大涌水量 713.12 m³/h(1999 年 7 月 20 日)。2000~2009 年矿井平均涌水量 203.92 m³/h。

井田内断层比较发育。截至 2009 年底,由钻探、物探和生产揭露的断层共 543 条,其中落差≥5 m 的断层 327 条,落差≥10 m 的断层 146 条,落差≥20 m 的断层 77 条,落差≥30 m 的断层 47 条。

6.4.3　突水量预测预报

东滩煤矿下组煤第一勘探区受构造影响较大,奥灰含水层的富水性在第一勘探区内具有明显差异,反映出不同区段具有不同的水文地质条件。依据补勘所得奥灰含水层涌水量、单位涌水量资料,现将奥灰含水层各分区的水文地质特征依次分析如下。

(1)水文地质一区

该区域水文地质条件较复杂,断层发育较少,但受褶皱影响,导水裂隙较发育,奥灰与十三灰含水层存在水力联系。区内有 2 个奥灰钻孔,其中 O_2-DX6 孔揭露奥灰含水层最大涌水量 120.0 m³/h,水质矿化度 1 334.95~1 633.45 mg/L,水质类型 SO_4-Ca·Mg 型;O_2-DX9 孔揭露奥灰含水层最大涌水量 215.0 m³/h,水质矿化度 1 539.63~1 668.85 mg/L,水质类型

SO_4-Ca·Mg 型。

通过奥灰放水试验及补勘资料分析可知,水文地质一区奥灰含水层富水性相对较强,水量丰富,含水层补给充沛,径流条件较好,南北方向渗透性极差,东西方向渗透性较好,相对水文地质二区和水文地质三区来说是个相对独立的水文地质块段。

（2）水文地质二区

该区下组煤水文地质条件较简单,断层等导水构造发育较少。区内共有 7 个奥灰补勘钻孔,其中共进行了 2 次奥灰抽水试验,所得参数见表 6-1;共有 5 个井下钻孔进行了奥灰涌水量观测并提取了水样进行水质测试,具体参数见表 6-2。根据这两个表的数据分析可知,水文地质二区奥灰含水层单位涌水量较小,含水层富水性普遍弱,渗透性较差,径流条件相对较差。

表 6-1　　　　　二区地面钻孔奥灰含水层抽水试验计算参数统计表

钻孔孔号	静止水位 /m	恢复水位 /m	涌水量 Q/(L/s)	单位涌水量 q/[L/(s·m)]	渗透系数 k/(m/d)
O_2-D5	+23.78	+22.42	0.175012	0.003 486	0.003 405
O_2-D6	+23.00	+23.06	0.137 376	0.002 793	0.002 253

表 6-2　　　　　　二区井下钻孔揭露奥灰含水层数据统计表

钻孔孔号	揭露奥灰含水层最大涌水量 /(m³/h)	矿化度 /(mg/L)
O_2-DX1	2.31	3 105.12
O_2-DX2	0.42	3 026.88
O_2-DX3	0.60	3 400.78
O_2-DX8	0.16	2 659.70
O_2-DX10	0.50	2 842.11

（3）水文地质三区

该区奥灰含水层富水性弱到中等,渗透性较差,径流条件差。三区有 3 个井下补勘钻孔,5 个地面补勘钻孔,其中揭露奥灰含水层最大涌水量、水质化验等参数见表 6-3,补勘钻孔抽水试验计算所得含水层参数见表 6-4。

表 6-3　　　　　　三区井下钻孔揭露奥灰含水层数据统计表

钻孔孔号	揭露奥灰含水层最大涌水量 /(m³/h)	矿化度 /(mg/L)
O₂-DX4	24.20	3 226.73～3 640.28
O₂-DX5	25.50	3 375.93～3 594.17
O₂-DX7	84.72	3 236.72～3 641.56

表 6-4　　　　三区地面钻孔奥灰含水层抽水试验计算参数统计表

钻孔孔号	静止水位 /m	恢复水位 /m	涌水量 Q/(L/s)	单位涌水量 q/[L/(s·m)]	渗透系数 k/(m/d)
O₂-D1	+24.93	+24.04	0.069 936	0.001 632	0.001 333
O₂-D2	+22.40	+22.85	0.940 687	0.026 196	0.026 200
O₂-D3	+27.52	+26.56	0.089 158	0.001 778	0.001 521
O₂-D4	+23.64	+22.20	0.067 286	0.001 884	0.001 760
O₂-D7	+25.20	+25.15	0.394 082	0.008 031	0.008 414

　　由以上数据可知,褶皱 C3、C4 之间区域的奥灰含水层富水性中等,C3 以南区域的奥灰含水层虽然根据勘探资料显示富水性较弱,但该区域下组煤水文地质条件较复杂,发育断层和褶皱,尤其是褶皱 C1、C2 附近裂隙较发育。褶皱 C1 附近 O₂-D7 孔以及靠近皇甫断层的 O₂-D2 孔的涌水量、单位涌水量、渗透系数等参数均大于其他钻孔,因此该区域奥灰也有可能局部相对富水,在后期矿井采掘生产中应引起重视。

　　在下组煤开采过程中,对底板含水层的富水区域要进行提前探放水,这一部分水量需要算入正常涌水量之中。

　　根据放水试验分析,第一勘探区奥灰富水性差异较大,因此底板探放水水量应按照第一勘探区水文地质分区进行预测。探水钻孔的水量参照补勘井下钻孔揭露奥灰的涌水量预测,最大涌水量取正常涌水量的 1.5 倍。底板探放水水量预测结果见表 6-5。

表 6-5   第一勘探区下组煤底板突水量预测统计表(1)

突水量	水文地质一区	水文地质二区	水文地质三区
正常突水量/(m³/h)	215	10	100
最大突水量/(m³/h)	323	15	150

需要注意的是,东滩井田本溪组薄层灰岩受褶皱影响厚度变化较大,局部含水层较厚的区域可能产生较大的熔岩裂隙和熔岩溶洞,具有较大的静储量。因此下组煤开拓时,须对应勘探资料,采取钻探、物探相结合的手段,对底板薄层灰岩富水区提前探放,确保下组煤安全开采。

使用模糊自适应神经网络模型进行预测,得到的最大突水量数据如表 6-6 所示,可见误差较小。

表 6-6   第一勘探区下组煤底板突水量预测统计表(2)

突水量	水文地质一区	水文地质二区	水文地质三区
最大突水量/(m³/h)	334	13	142

6.5   本章小结

本章的主要内容是煤矿突水预测预报决策支持系统的设计与实现过程,按照软件工程的思想,分为概要设计、详细设计、系统实现部分,描述了系统的使用过程以及界面操作。

7 结论和展望

7.1 结论

目前突水预测预报的决策多依据决策者对于问题的主观分析,这种决策方式有一定的局限性。一方面决策者对于现实情况的认识未必清楚,对于知识的掌握未必全面;另一方面采场底板突水是一个具有不确定性的、非线性的复杂概率事件,这种不确定性体现在两个方面,一是地下水赋存情况的未知性,二是突水与地质变量关系的不确定性。基于以上分析可知,突水预测预报仅靠决策者的主观判断很难有好的预测效果,本书研究在计算机的支持下如何对于突水预测预报作出决策,考虑到与已经发生突水事故地点条件相近的地方突水的概率最大,研究以已经发生突水事故的典型案例数据作为出发点,从已知到未知,利用过去的案例或经验进行推理来求解新问题。

本书主要完成以下工作:

(1)分析了煤矿突水典型案例数据库设计的必要性,设计了案例数据库的概念结构、逻辑结构,使用 Microsoft SQL Server 关系数据库管理系统,将搜集整理的案例入库,实现煤矿历史水害资料数字化。

(2)在对三维空间数据模型研究的基础上,提出适用于煤矿水文地质体的基于混合结构的三维数据模型,并且设计了三棱柱和 TEN 的数据结构。

(3)研究了三种突水预测预报方法。第一种是平行坐标方法,绘制了突水数据的平行坐标图,并对灵敏属性做了分析;第二种是模糊自适应神经网络方法,在对于模糊自适应神经网络的结构和学习算法研究的基础上,对于输入属性的选择、隶属函数的选择进行比较分析,构建用于底板突水量预测的 ANFIS 模型;第三种方法是改进的支持向量机方法,研究了支持向量机模型的数学推理过程,构建用于底板突水量预测的 SVM 模型,提出参数 C 和 γ

的优化选择算法和交叉验证算法。

（4）构建了突水知识库，包括本体库和规则库。在本体的描述语言、逻辑基础、构造工具研究的基础上，使用 Protégé 构建了底板突水领域本体，并将其转换为关系数据库存储。

在本书研究过程中，取得了一些具有创新意义的研究成果，概括如下：

（1）设计了突水案例数据库的概念结构、逻辑结构，实现了煤矿历史水害资料数字化；

（2）提出适用于煤矿水文地质体的基于混合结构的三维数据模型，并且设计了三棱柱和 TEN 的数据结构；

（3）绘制了突水数据的平行坐标图，并对灵敏属性做了分析；

（4）构建用于底板突水量预测的 ANFIS 模型；

（5）提出改进的支持向量机模型，提出参数 C 和 γ 的优化选择算法和交叉验证算法；

（6）构建了基于本体的突水知识库。

7.2　展望

本书的研究思路是在课题组已有的研究基础上，构建煤矿突水决策支持系统（DSS）。DSS 是个庞大的工程，本书没有完成所有关键技术的研究和实现，完成的有突水事故案例库设计与建立，地质体三维可视化模型研究，以及突水量预测的 ANFIS 模型和 SVM 模型，突水知识库设计与建立。接下来的工作计划包括：

（1）突水事故案例库完善；

（2）地质体三维可视化系统实现，包括多种数据模型的集成使用开发；

（3）人机交互技术的研究，使决策者不只可以从决策支持系统看到计算机决策的结果，还要使决策者更好地参与到决策过程中来，尊重决策者有价值的判断和启发式思维；

（4）突水知识库的完善。

参 考 文 献

[1] 郑纲.煤矿底板突水机理与底板突水实时监测技术研究[D].西安:长安大学,2004.

[2] 刘树才.煤矿底板突水机理及破坏裂隙带演化动态探测技术[D].徐州:中国矿业大学,2008.

[3] 高延法,于永辛,牛学良.水压在底板突水中的力学作用[J].煤田地质与勘探,1996,24(6):37-39.

[4] 王成绪.研究底板突水的结构力学方法[J].煤田地质与勘探,1997(增刊):48-49.

[5] 施龙青.采场底板突水力学分析[J].煤田地质与勘探,1998,26(5):36-37.

[6] 柳春图,蒋持平.板壳断裂力学[M].北京:国防工业出版社,2000.

[7] 李兴高,高延法.采场底板岩层破坏与损伤分析[J].岩石力学与工程学报,2003,22(1),35-39.

[8] 汤连声,张鹏程,王思敬.水-岩化学作用之岩石断裂力学效应的试验研究[J].岩石力学与工程学报,2002,21(6),822-827.

[9] 缪协兴,陈荣华,白海波.保水开采隔水关键层的基本概念及力学分析[J].煤炭学报,2007,32(6):561-564.

[10] 冯启言,杨天鸿,于庆磊,等.基于渗流-损伤耦合分析的煤层底板突水过程的数值模拟[J].安全与环境学报,2006,6(3):1-4.

[11] 高航,沈光寒.承压水体上采煤的理论及其应用[J].山东矿业学院学报(自然科学版),1988(1):94-100.

[12] 武强,周英杰,刘金韬,等.煤层底板断层滞后型突水时效机理的力学试验研究[J].煤炭学报,2003,28(6):561-565.

[13] 王连国,宋扬.煤层底板突水组合人工神经网络预测[J].岩土工程学报,

2001,23(4):502-505.

[14] 冯利军.基于 Rough 集理论的矿井突水规则获取[J].煤田地质与勘探,
       2003,31(1):38-40.

[15] 闫志刚.SVM 及其在矿井突水信息处理中的应用研究[J].岩石力学与
       工程学报,2008,27(1):215.

[16] 姜谙男,梁冰.基于最小二乘支持向量机的煤层底板突水量预测[J].煤
       炭学报,2005,30(5):613-617.

[17] 张文泉.矿井(底板)突水灾害的动态机理及综合判测和预报软件开发研
       究[D].青岛:山东科技大学,2004.

[18] 张大顺,郑世书,孙亚军,等.地理信息系统技术及其在煤矿水害预测中
       的应用[M].徐州:中国矿业大学出版社,1994:108-169.

[19] 武强,解淑寒,裴振江,等.煤层底板突水评价的新型实用方法Ⅲ:基于
       GIS 的 ANN 型脆弱性指数法应用[J].煤炭学报,2007,32(12):
       1301-1306.

[20] 刘志新,岳建华,刘仰光.矿井物探技术在突水预测中的应用[J].工程地
       球物理学报,2007,4(1):9-14.

[21] 于景邨,刘志新,刘树才,等.深部采场突水构造矿井瞬变电磁法探查理
       论及应用[J].煤炭学报,2007,32(8):818-821.

[22] 崔三元,崔若飞.基于 GIS 的煤矿水害多源信息预测方法研究[J].地球
       物理学进展,2006,21(4):1309-1313.

[23] 施龙青,韩进,宋扬,等.用突水概率指数法预测采场底板突水[J].中国
       矿业大学学报,1999,28(5):442-444,460.

[24] 杨善林,倪志伟.机器学习与智能决策支持系统[M].北京:科学出版社,
       2004:1-12.

[25] 杨善林.智能决策方法与智能决策支持系统[M].北京:科学出版社,
       2005:1-20.

[26] 史忠植.知识工程[M].北京:清华大学出版社,1988:3-12.

[27] 史忠植.高级人工智能[M].北京:科学出版社,1998:1-24.

[28] 陈文伟.决策支持系统及其开发[M].2 版.北京:清华大学出版社,
       2000:4-22.

[29] 蔡自兴,徐光佑.人工智能及其应用[M].北京:清华大学出版社,1996:

3-17.

［30］黄梯云.智能决策支持系统［M］.北京：电子工业出版社,2001:1-20.

［31］张玉峰.决策支持系统［M］.武汉：武汉大学出版社,2004:1-10.

［32］孟波.计算机决策支持系统［M］.武汉：武汉大学出版社,2001:1-30.

［33］ER M C. A summary,problems,and future trends［J］. Decision Support System,1988,4(3):355-363.

［34］MORTON M S S. Management decision systems：Computer-based support for decision making［M］. Division of Research，Harvard University,1971:30-80.

［35］KEEN P G W. Decision support systems：The next decade［J］. Decision Support Systems,1987,3(3):253-265.

［36］ALTER S. A work system view of DSS in its fourth decade［J］. Decision Support Systems,2004,38(3):319-327.

［37］SPRAGUE R H. A framework for the development of decision support systems［M］. MIS Quarterly,1980,4(4):1-26.

［38］BONCZEK R H, HOLSAPPLE C W, WHINSTON A B. Foundations of decision support systems［M］. New York：Academic Press,1981:1-28.

［39］EOM S B. The intellectual development and structure of decision support systems(1991—1995)［J］. Omega, Int. J. Mgmt Sci. ,1998,26(5):639-657.

［40］DONATO J M, SCHRYVER J C, GRADY N W, et al. Mining multi-dimensional data for decision support［J］. Future Generation Computer Systems,1999,15(3):433-441.

［41］TURBAN E. Implementing decision support systems：A survey［C］// IEEE International Conference on Systems, Man and Cybernetics. Beijing：IEEE Press,1996:2540-2545.

［42］CARLSON C, TURBAN E. Directions for the next decade［J］. Decision Support Systems,2002,33(2):105-110.

［43］郑铭,秦高峰,沈翼军.基于 GIS 的水资源管理决策系统的设计［J］.农机化研究,2007(1):119-122.

[44] 陈国鹰,陈崇成.环境空间决策支持集成系统的设计原理与应用[J].环境科学研究,2002,15(4):50-53.

[45] 王宏伟,程声通.基于 GIS 的城市环境规划决策支持系统[J].环境科学进展,1997,5(6):17-22.

[46] 闫志刚,王小英.基于 GIS 的环境决策支持系统的体系结构[C]//2005数字江苏论坛-电子政务与地理信息技术论文专辑,2005:95-97.

[47] 陈崇成,肖桂荣,孙飒梅,等.空间决策支持系统的集成体系结构及其实现途径[J].计算机工程与应用,2001,37(15):55-57.

[48] GOTTINGER H W, WEIMANN P. Intelligent decision support systems[J]. Decision Support Systems,1992,8(4):317-332.

[49] DUTTON D M,CONROY G V. A review of machine learning[J]. The Knowledge Engineering Review,1996,12(4):341-367.

[50] BUI T,LEE J. An agent-based framework for building decision support systems[J]. Decision Support Systems,1999,47(2,3):75-87.

[51] FENG S, XU L D. An intelligent support system for fuzzy comprehensive evaluation of urban development[J]. Expert Systems with Application,1999,16(1):21-32.

[52] SCHOCKEN S, ARIAV G. Neural networks for decision support: Problems and opportunities[J]. Decision Support Systems, 1994, 11(5):393-414.

[53] SPRAGUE R H. A framework for the development of decision system [M]. MIS Quarterly,1980:1-40.

[54] BONCZEK R H, HOLSAPPLE C W, WHINSTON A B. Foundations of decision support systems[M]. New York:Academic Press,1981:1-28.

[55] 李德毅,杜鹢.不确定性人工智能[M].北京:国防工业出版社,2005:57-116.

[56] HATCHER M. Introduction to multimedia supported group organizational decision systems[J]. Decision Support Systems, 1995, 15(3):179-180.

[57] 陈增明.群决策环境下证据理论决策方法研究与应用[D].合肥:合肥工

业大学,2007.

[58] 吴强.智能群体决策支持系统中若干关键理论与方法研究[D].合肥:中国科学技术大学,2006.

[59] 安徽煤矿安全监察局.以史为鉴 警钟长鸣——安徽煤矿典型事故案例分析(1949～2003)[M].北京:煤炭工业出版社,2004:46-48,60-69.

[60] 王树玉.煤矿五大灾害事故分析和防治对策[M].徐州:中国矿业大学出版社,2006:267-317.

[61] 李国军.煤矿岗位技术培训系列教材(十三)事故案例[M].徐州:中国矿业大学出版社,2004:599-631.

[62] 国家煤矿安全监察局煤矿监察二司.全国小型煤矿特大事故案例选编(2000～2003)[M].北京:煤炭工业出版社,2004:153-195.

[63] 中国统配煤矿总公司生产局,煤炭科技情报研究所.煤矿水害事故典型案例汇编[G].内部资料,1992:1-349.

[64] 王家耀.空间信息系统原理[M].北京:科学出版社,2001:15-45.

[65] 姜在炳.煤层3D动态建模技术及应用研究[D].西安:煤炭科学研究总院西安研究院,2008:11-15.

[66] 王润怀.矿山地质对象三维数据模型研究[D].成都:西南交通大学,2007:41-71.

[67] 王宝山.煤矿虚拟现实系统三维数据模型和可视化技术与算法研究[D].郑州:解放军信息工程大学,2006:58-78.

[68] 侯卫生,吴信才,刘修国.基于线框单元体的三维闭合地质块体构建方法[J].吉林大学学报(地球科学版),2007,37(5):1047-1051.

[69] KE Y L,FAN S Q,ZHU W D,et al. Feature-based reverse modeling strategies[J]. Computer-Aided Design,2006,38(5):485-506.

[70] 钟登华,李明超,杨建敏.复杂工程岩体结构三维可视化构造及其应用[J].岩石力学与工程学报,2005,24(4):575-580.

[71] 萨贤春,姜在炳,孙涛,等.三维矿井地质模型软件的研制[R].煤炭科学研究总院西安分院,2000.

[72] 赫尔丁 S W,龙子芳.三维矿床的计算机构模方法[J].国外金属矿山,1989(3):95-96.

[73] LIU D Z, ANSHUMAN R, ARLEYN S, et al. An XML-based

突水预测预报决策支持系统关键技术研究

information model for archaeological pottery[J]. Journal of Zhejiang University-SCIENCE A,2005,6(5):447-453.

[74] 王恩德,孙立双,蔡洪春,等. 矿体三维数据模型及品位插值方法研究[J]. 地质与资源,2007,16(3):222-225.

[75] SIMON W H. 3D geoscience modeling, computer techniques for geological characterization[M]. Berlin:Springer-Verlag,1994.

[76] 许斌,张森,厉万庆. 从序列切片重构三维对象的新方法[J]. 计算机学报,1994,17(1):64-71.

[77] 阿列尼切夫 B M,科瓦廖夫 M H,弗拉基米罗夫 A И. 菱镁矿股份公司露天矿采矿工程计划编制自动化[J]. 国外金属矿山,1995(12):70-74.

[78] 朱小弟,李青元,曹代勇. 基于 OpenGL 的切片合成法及其在三维地质模型可视化中的应用[J]. 测绘科学,2001,26(1):30-32.

[79] XU C,DOWD P A. Optimal construction and visualization of geological structure[J]. Computers & Geosciences,2003,29(6):761-773.

[80] GOLD C M,MAYDELL U M. Triangulation and spatial ordering in computer cartography[C] // Canada:3rd Canadian Cartographic Association Annual Meeting,1978:69-81.

[81] SAPIDIS N, PERUCCHIO R. Delaunay triangulation of arbitrarily shaped planar domains[J]. Computer Aided Geometric Design,1991,8(6):421-437.

[82] TSAI V J D. Delaunay triangulations in TIN creations:An overview and a linear-time algorithm[J]. International Journal of Geographical Information Systems,1993,7(6):501-524.

[83] 潘懋,方裕,屈红刚. 三维地质模型若干基本问题探讨[J]. 地理与地理信息科学,2007,23(3):1-4.

[84] 周晓云,刘慎权. 实现约束 Delaunay 三角剖分的健壮算法[J]. 计算机学报,1996,19(8):615-624.

[85] 李志刚,陈其明. 二维域的有限三角剖分[J]. 工程图学学报,1997(2-3):85-91.

[86] 李学军,黄文清. 平面区域三角化的快速算法[J]. 计算机辅助设计与图形学学报,2003,15(2):233-238.

［87］ 朱庆,陈楚江.不规则三角网的快速建立及其动态更新[J].武汉测绘科技大学学报,1998,23(3):204-207.

［88］ 吴华意.拟三角网数据结构及其算法研究[D].武汉:武汉测绘科技大学,1999.

［89］ 熊英,胡于进,赵建军.基于映射法和 Delaunay 方法的曲面三角网格划分算法[J].计算机辅助设计与图形学学报,2002,14(1):56-60.

［90］ BUYS J, MESSERSCHMIDT H J, BOTHA J F. Inducting known discontinuities directly into a triangular irregular mesh for automatic contouring purpose[J]. Computers and Geosciences, 1991, 17（7）: 875-881.

［91］ PALACIOS-VÉLEZ O L, RENAUD B C. A dynamic hierarchical subdivision algorithm for computing Delaunay triangulation and other closest-point problems [J]. ACM Transactions on Mathematical Software,1990,16(3):275-291.

［92］ TUCKER G E,LANCASTER S T,GASPARINI N M,et al. An object-oriented framework for distributed hydrologic and geomorphic modeling using triangulated irregular networks[J]. Computers & Geosciences,2001,27(8):959-973.

［93］ YANG B S, LI Q Q, SHI W Z. Constructing multi-resolution triangulated irregular network model for visualization[J]. Computers & Geosciences,2005,31(1):77-86.

［94］ HALBWACHS Y, COURRIOUX G, RENAUD X, et al. Topological and geometric characterization of fault networks using 3-dimential generalized maps[J]. Mathematical Geology,1996,28(5):625-656.

［95］ WASON D F. Computing the n-dimensional Delaunay tessellation with application to Voronoi polytopes[J]. The Computer Journal,1981,24(2):167-172.

［96］ ANGLADA M V. An improved incremental algorithm for constructing restricted Delaunay triangulations[J]. Computer & Graphics,1997,21(2):215-223.

［97］ 胡光常.约束 Delaunay 三角网数模在线路 CAD 软件中的开发和应用

[J].铁道科学与工程学报,2005,2(3):88-92.

[98] THOMPSON J F, WARSI Z U A, MASTIN C W. Numerical grid generation：Foundations and applications［M］. NewYork：North-Holland,1985.

[99] 吴飞,吴凡. TIN 向规则格网 DEM 转换的快速算法[J].测绘科学, 2005,30(4):76-77.

[100] 韩峻,施法中,吴胜和,等.基于格架模型的角点网格生成算法[J].计算机工程,2008,34(4):90-92.

[101] 李华,李笑牛,程耿东,等.一种全四边形网格生成方法:改进模板法[J].计算力学学报,2002,19(1):16-19.

[102] 杨胜军,麻凤海,陈静波.利用 DEM 实现场地平整与土方量均衡计算[J].交通科技与经济,2008,10(1):58-59.

[103] SHOSTKO A, LÖHNER R. Three-dimensional parallel unstructured grid generation[J]. International Journal for Numerical Methods in Engineering,1995,38(6):905-925.

[104] HEINEMANN Z E, BRAND C W. Gridding techniques in reservoir simulation[C]//Proceedings of 1st and 2nd International Forum on Reservoir Simulation,1989:339-426.

[105] 谢海兵,桓冠仁,郭尚平,等.PEBI 网格二维两相流数值模拟[J].石油学报,1999,20(2):57-61.

[106] 杨权一.复杂断层限定条件下二维 PEBI 网格生成方法[J].工程图学学报,2005(3):75-79.

[107] 赵树贤.煤矿床可视化构模技术［D］.北京:中国矿业大学(北京),1999.

[108] 孙敏,陈军.基于几何元素的三维景观实体建模研究[J].武汉测绘科技大学学报,2000,25(3):233-237.

[109] 黄正东,田韶鹏.参数化 CSG 模型之间等价参数域求解方法[J].华中科技大学学报(自然科学版),2004,32(3):1-4.

[110] 田韶鹏,黄正东,王彦伟.基于局部功能完备化组合的零件特征结构合成方法[J].计算机辅助设计与图形学学报,2005,17(7):1567-1574.

[111] 侯亚娟,高山,祝国瑞.基于体素的体积计算在地质领域中的应用[J].

工程图学学报,2005,9(1):65-69.

[112] 李春民,李仲学,僧德文,等.面向地矿工程体视化仿真系统的计算采掘工程量的体素法[J].金属矿山,2004,341(11):54-56.

[113] 刘金玲,唐棣.基于八叉树结构实现机械零件的表面重构[J].电脑与电信,2007(12):13-15.

[114] 韩国建,郭达志,金学林.矿体信息的八叉树存储和检索技术[J].测绘学报,1992,21(1):13-17.

[115] 肖乐斌,龚建华,谢传节.线性四叉树和线性八叉树邻域寻找的一种新算法[J].测绘学报,1998,27(3),195-203.

[116] 边馥苓,傅仲良,胡自锋.面向目标的栅格矢量一体化三维数据模型[J].武汉测绘科技大学学报,2000,25(4):294-298.

[117] 权毓舒,何明一.基于三维点云数据的线性八叉树编码压缩算法[J].计算机应用研究,2005(8):70-71.

[118] MCMORRIS H,KALINDERIS Y. Octree-advancing front method for generation of unstructured surface and volume meshes[J]. AIAA Journal,1997,35(6):976-984.

[119] 罗智勇,杨武年.基于钻孔数据的三维地质建模与可视化研究[J].测绘科学,2008,33(2):130-132.

[120] GALERA C,BENNIS C,MORETTI I,et al. Construction of coherent 3D geological blocks[J]. Computers & Geosciences,2003,29(8):971-984.

[121] 孙豁然,许德明,于培言.建立矿体三维实体模型的研究[J].矿业研究与开发,1999,19(5):1-3.

[122] 侯运炳,冯述虎,李子强,等.矿体实体模型系统 OBSOLID 的研究与开发[J].中国有色金属学报,1998,8(3):535-540.

[123] 刘雪娜,刘金义,侯宝明.基于 Voronoi 图的二维地层剖面重构[J].计算机工程与科学,2004,26(9):41-43.

[124] 吴立新,郝海森,殷作如.基于钻孔点集 Voronoi 图的矿产储量新算法[J].地理与地理信息科学,2004,20(1):57-59.

[125] PILOUK M,TEMPFLI K,MOLENAAR M. A tetrahedron-based 3D vector data model for geo-information[M]. Publications on Geodesy,

1994:129-140.

[126] LATTUADA R,RAPER J. Applications of 3D delaunay triangulation algorithms in geoscientific modeling[C]. Institute for Animal Health, London,England,1994.

[127] 孙敏,薛勇,马蔼乃,等.基于四面体格网的3维复杂地质体重构[J].测绘学报,2002,31(4):361-365.

[128] 郭际元,龚君芳.由三维离散数据生成四面体格网算法研究[J].地球科学:中国地质大学学报,2002,27(3):271-272.

[129] 戴晨光,邓雪清,张永生.海量地形数据实时可视化算法[J].计算机辅助设计与图形学学报,2004,16(11):1603-1607.

[130] 张煜,白世伟.一种基于三棱柱体体元的三维地层建模方法应用[J].中国图象图形学报,2001,6(3):285-290.

[131] 王占刚,曹代勇.基于改进三棱柱模型的复杂地质体3D建模方法[J].中国煤田地质,2004,16(1):4-6.

[132] 毛善君.灰色地理信息系统:动态修正地质空间数据的理论和技术[J].北京大学学报(自然科学版),2002,38(4):556-562.

[133] 毛善君,马洪兵.自动构建复杂地质体数字高程模型的方法研究[J].测绘学报,1999,28(1):57-61.

[134] 孙晋非,岳建华.煤矿防治水害系统的三维空间数据模型研究[J].计算机工程与设计,2010,31(10):2405-2407,2411.

[135] 周智勇.三维可视化集成矿山地测采信息系统研究[D].长沙:中南大学,2009.

[136] 徐能雄,何满潮.基于类三棱柱的连续型地质体三维构模方法[J].黑龙江科技学院学报,2004,14(1):43-48.

[137] 齐安文,吴立新,李冰,等.一种新的三维地学空间构模方法:类三棱柱法[J].煤炭学报,2002,27(2):158-163.

[138] 吴立新,陈学习,史文.基于GTP的地下工程与围岩一体化真三维空间构模[J].地理与地理信息科学,2003,19(6):1-6.

[139] 戴吾蛟,邹峥嵘.基于体素的三维GIS数据模型的研究[J].矿山测量,2001(1):20-22.

[140] 程朋根,龚健雅,史文中,等.基于似三棱柱体的地质体三维建模与应用

研究[J].武汉大学学报(信息科学版),2004,29(7):602-607.

[141] 程朋根,刘少华,王伟,等.三维地质模型构建方法的研究及应用[J].吉林大学学报(地球科学版),2004,34(2):309-313.

[142] 吴慧欣,薛惠锋.基于块段模型的三维 GIS 混合数据结构模型研究网[J].计算机应用研究,2007,24(10):273-275.

[143] 李德仁,李清泉.一种三维 GIS 混合数据结构研究[J].测绘学报,1997,26(2):128-133.

[144] SHI W Z. A hybrid model for 3D GIS[J]. Geoinformatics,1996(1):400-409.

[145] SHI W Z. Development of a hybrid model for three-dimensional GIS[J]. Geo-spatial Information Science,1996,3(2):6-12.

[146] SCHROEDER W J,SHEPHARD M S. A combined octree/Delaunay method for fully automatic 3-D mesh generation[J]. International Journal for Numerical Methodism Engineering,1990,29(1):37-55.

[147] 陈红华,徐云和.一种地矿 3 维数据模型集成方法的研究[J].中国矿业,2003,12(12):60-62.

[148] 刘振平.工程地质三维建模与计算的可视化方法研究[D].武汉:中国科学院武汉岩土力学研究所,2010:68-76.

[149] 程朋根.地矿三维空间数据模型及相关算法研究[D].武汉:武汉大学,2005:27-49.

[150] 杜培军,郭达志,田艳凤.顾及矿山特性的三维 GIS 数据结构与可视化[J].中国矿业大学学报(自然科学版),2001,30(3):238-243.

[151] 李清泉,李德仁.三维空间数据模型集成的概念框架研究[J].测绘学报,1998,27(4):325-330.

[152] 吴德华,毛先成,刘雨.三维空间数据模型综述[J].测绘工程,2005,14(3):70-78.

[153] 熊伟,毛善君,马蔼乃,等.面向地质应用的三维数据模型研究[J].煤田地质与勘探,2002,30(6):11-15.

[154] KEIM D A. Information visualization and visual data mining[J]. IEEE Transaction on Visualization and Computer Graphics,2002,8(1):1-8.

[155] ANDREWS D F. Plots of high-dimensional data[J]. Biometrics,1972,

28(1):125-136.

[156] INSELBERG A. The plane with parallel coordinates[J]. The Visual Computer,1985,1(2):69-91.

[157] INSELBERG A. Do it in parallel coordinate[J]. Computer Statistics, 1999,1(14):53-77.

[158] CHERNOFF H. The use of faces to represent points in k-dimensional space Graphically[J]. Journal of the American Statistical Association, 1973,68(342):361-368.

[159] THEARLING K,BECKER B,DECOSTE D,et al. Visualizing data mining model[C]//Proceedings of Information Visualization in Visual Data Mining and Knowledge Discover,2001:205-222.

[160] BEDDOW J. Shape coding of multidimensional data on a microcomputer display[M]. Proceedings of the 1st Conference on Visualization '90,San Francisco,1990:238-246.

[161] GRINSTEIN G,PICKETT R M,WILLIAMS M G. EXVIS:An exploratory visualization environment[C]. Proceedings of Graphics Interface '99,1989:254-261.

[162] SHNEIDERMAN B. Tree visualization with Tree-maps:A 2-d space-filling approach[J]. ACM Transactions on Graphics, 1992, 11(1): 92-99.

[163] FEINER S K,BESHERS C. Worlds within worlds:Metaphors for exploring n-dimensional virtual worlds[C]//Proceedings of the 3rd Annual ACM SIGGRAPH Symposium on User Interface Software and Technology '90,1990:76-83.

[164] ROBERTSON G G,MACKINLAY J D,CARD S K. Cone trees: Animated 3D visualizations of hierarchical information[C]. Proceeding of ACM CHI ' 91: Human Factors in Computing Systems, 1991: 189-194.

[165] LAMPING J,RAO R. Laying out and visualizing large trees using a hyperbolic space[C]. Proceeding of the ACM Symposium on UIST, 1994:13-14.

[166] KEIM D A, KRIEGEL H-P. VisDB: Database exploration using multidimensional visualization [J]. IEEE Computer Graphics & Applications, 1994, 14(5):40-49.

[167] KEIM D A, HAO M C, DAYAL U. Hierarchical pixel bar charts[J]. IEEE Transactions on Visualization and Computer Graphics, 2002, 8 (3):255-269.

[168] 张凯, 钱锋, 刘漫丹. 模糊神经网络技术综述[J]. 信息与控制, 2003, 32 (5):431-435.

[169] 沈建强, 李平. 模糊神经技术的研究现状和展望[J]. 控制与决策, 1996, 11(5):525-532.

[170] JANG J S R. ANFIS: Adaptive-network-based fuzzy inference systems [J]. IEEE Transactions on Systems, Man, and Cybernetics, 1993, 23 (3):665-685.

[171] 刘普寅, 张汉江, 吴孟达, 等. 模糊神经网络理论研究综述[J]. 模糊系统 与数学, 1998, 12(1):77-87.

[172] 周春光, 梁艳春. 计算智能:人工神经网络·模糊系统·进化计算[M]. 长春:吉林大学出版社, 2001.

[173] VAPNIK V N. The nature of statistical learning theory[M]. New York:Springer-Verlag, 2000.

[174] CORTES C, VAPNIK V. Support-vector networks [J]. Machine Learning, 1995, 20(3):273-297.

[175] BURGES C J C. A tutorial on support vector machines for pattern recognition[J]. Data Mining and Knowledge Discovery, 1998, 2(2): 121-167.

[176] BOSER B E, GUYON I M, VAPNIK V N. A training algorithm for optimal margin classifiers[M]. COLT '92 Proceedings of the Fifth Annual Workshop on Computational Learning Theory. Pittsburgh, ACM, 1992:144-152.

[177] VAPNIK V N. 统计学习理论的本质[M]. 张学工, 译. 北京:清华大学 出版社, 2000.

[178] 张学工. 关于统计学习理论与支持向量机[J]. 自动化学报, 2000, 26

（1）:32-42.

[179] 边肇祺,张学工,等.模式识别[M].2版.北京:清华大学出版社,2000.

[180] 邓乃扬,田英杰.数据挖掘中的新方法——支持向量机[M].北京:科学出版社,2004.

[181] HSU C W,LIN C J. A comparison of methods for multiclass support vector machines[J]. IEEE Transactions on Neural Networks,2002,13 (2):415-425.

[182] 贾存良,吴海山,巩敦卫.煤炭需求量预测的支持向量机模型[J].中国矿业大学学报,2007,36(1):107-110.

[183] JOACHIMS T. Learning to classify text using support vector machines:Methods, theory and algorithms [M]. USA:Kluwer Academic Publishers,2002.

[184] 李建洋.基于粗糙集与前馈网络的案例智能系统的研究[D].合肥:合肥工业大学,2009:39-40.

[185] 杜震洪.近海环境地物认知模型与智能服务聚合研究[D].杭州:浙江大学,2010:52-74.

[186] 饶国政.基于语义 WIKI 的本体知识库研究[D].天津:天津大学,2008:34-35.

[187] NECHES R, FIKES R, FININ T, et al. Enabling technology for knowledge sharing[J]. AI Magazine,1991,12(3):36-56.

[188] GRUBER T R. A translation approach to portable ontologies specifications[J]. Knowledge Acquisition,1993,5(2):199-220.

[189] GRUBER T R. Toward principles for the design of ontologies used for knowledge sharing[J]. International Journal Human-Computer Studies,1995,43(5-6):907-928.

[190] BORST W N. Construction of engineering ontologies for knowledge sharing and reuse [D]. Centre for Telematics and Information Technology,University of Twente,Enschede-Noord,the Netherlands,1997.

[191] STUDER R,BENJAMINS V R,FENSEL D. Knowledge engineering: Principles and methods[J]. Data & Knowledge Engineering,1998,25

(1-2):161-197.

[192] 于鑫刚,李万龙. 基于本体的知识库模型研究[J]. 计算机工程与科学 2008,30(6):134-136.

[193] 袁媛. 领域本体建设的方法论和工具研究[D]. 北京:中国人民大 学,2004.

[194] FARQUHAR A,FIKES R,PRATT W,et al. Collaborative ontology construction for information integration[R]. Knowledge Systems Laboratory:Stanford University USA,1995:1-33.

[195] SWARTOUT B,PATIL R,KNIGHT K,et al. Toward distributed use of large-scale ontologies[C]//Proceedings of the 10th Knowledge Acquisition for Knowledge-based Systems Workshop. Banff,Canada, 1996:32:1-19.

[196] DOMINGUE J. Tadzebao and Webonto:Discussing, browsing, and editing ontologies on the web[C]//Proceedings of the 11th Knowledge Acquisition,Modeling and Management Workshop,Banff Canada,1998.

[197] BAADER F,MCGUINNESS D L,NARDI D,et al. The description logic handbook:theory, implementation, and application[M]. Cambridge University Press,2003.

[198] 郭小芳,刘爱军,樊景博. 知识获取方法及实现[J]. 陕西师范大学学报 (自然科学版),2007,35(S2):187-189.

[199] SCHANK R C. Dynamic memory:A theory of reminding and learning in computers and people[M]. New York:Cambridge University Press,1983.

[200] AMODT A,PLAZA E. Case-based reasoning:Foundational issues, methodological variations, and system approaches[J]. AI Communications,IOS Press,1994,7(1):39-59.

突水预测预报决策支持系统关键技术研究